高职高专电气类专业系列教材

U0169780

低压电气控制安装与调试

主　编　周燕鸥　曾小玲　张　郭

副主编　姜十万　陈再洪　陈春雨　柳良江

主　审　张建平

西安电子科技大学出版社

内 容 简 介

本书主要介绍常用低压电器的结构、工作原理，以及电气控制线路的安装调试、检测、维修。全书共十个项目。项目一和项目二为基础知识部分，对常用电工仪表的使用和典型低压电器的拆装、检修及调试进行了讲解，可让学生掌握常用低压电器的外形结构、工作原理、拆装和检测方法以及使用与选择常用电工仪表和器件的方法等相关基本知识；项目三至项目七对三相异步电动机点动与连续运行控制、正反转控制线路的装调进行了介绍，并对三相异步电动机降压启动控制线路、顺序启动控制线路和调速控制线路的工作原理与控制过程及相关电路的设计方法进行了分析，让学生能够按照低压电气设备安装工艺相关要求熟练安装电路；项目八至项目十对机床电气控制常见故障分析与排除进行了讲述，让学生能够掌握排除机床常见故障的方法和步骤。同时，本书各项目中还融入了维修电工技能、电气设备安装工质量评价标准等内容，且各项目相互衔接、由浅入深，可以满足不同层次学习者的需要。

本书可作为高职高专院校电气、机电、铁道类专业的教学用书，也可作为低压电气控制技术的培训教材。

图书在版编目 (CIP) 数据

低压电气控制安装与调试 / 周燕鸥，曾小玲，张郭主编 . —西安:西安电子科技大学出版社，2022.8
ISBN 978 - 7 - 5606 - 6553 - 5

Ⅰ . ①低…　Ⅱ . ①周…　②曾…　③张…　Ⅲ . ①低压电气—电气控制装置—设备安装 ②低压电器—电气控制装置—调试方法　Ⅳ . ① TM52

中国版本图书馆 CIP 数据核字 (2022) 第 127625 号

策　　划　李惠萍
责任编辑　李惠萍
出版发行　西安电子科技大学出版社 (西安市太白南路 2 号)
电　　话　(029)88202421　88201467　　　　邮编　710071
网　　址　www.xduph.com　　　　　　　电子邮箱　xdupfxb001@163.com
经　　销　新华书店
印刷单位　陕西天意印务有限责任公司
版　　次　2022 年 8 月第 1 版　　2022 年 8 月第 1 次印刷
开　　本　787 毫米 ×1092 毫米　　1/16　印张　10.5
字　　数　239 千字
印　　数　1 ～ 2000 册
定　　价　26.00 元

ISBN 978 - 7 - 5606 - 6553 - 5 / TM

XDUP 6855001 - 1

*** 如有印装问题可调换 ***

前 言
Preface

  "低压电气控制安装与调试"是高等职业院校机电类、电气类、铁道类等专业的一门技能实训课程。本书主要是针对高职教育实践性、应用性强的特点，结合工作岗位的实际需要，从培养学生操作技能的角度编写的。本书以项目为导向，以任务为驱动，按照"教、学、做"理实一体化教学方式安排了十个项目，其中项目一为常用电工仪表的使用，项目二为典型低压电器的拆装、检修及调试，项目三为三相异步电动机点动与连续运行控制，项目四为三相异步电动机正反转控制线路的装调，项目五为三相异步电动机降压启动控制线路，项目六为三相异步电动机顺序启动控制线路，项目七为三相异步电动机调速控制线路，项目八为 CA6140 车床故障分析与排除，项目九为 X62W 万能铣床故障分析与排除，项目十为 Z3050 摇臂钻床故障分析与排除。

  本书每个项目都是一个完整而具有真实性的工作任务，通过完成这些项目的训练，可培养学生的团结协作能力，训练学生严格执行工作程序、工作规范、工艺文件和安全操作规程的工作习惯，同时也可培养学生高度的工作责任心。学生从接受任务到完成任务，遵循"接受任务→消化、准备→制订方案→绘制电气图、列元件清单→安装、调试→验收、评审→准备交工文件→文件交付、总结"这一基本工作流程，可实现对知识的学习、技能的提高和经验的积累，真正体现学生学校角色与企业角色的高度结合。

  本书由重庆电信职业学院及重庆科创职业学院教师共同编写，周燕鸥、曾小玲、张郭担任主编，姜十万、陈再洪、陈春雨、柳良江担任副主编，张建平担任主审。其中曾小玲与陈春雨编写了项目一、项目二、项目三，周燕鸥编写了项目四、项目五、项目六，张郭编写了项目七、项目八，姜十万编写了项目九，陈再洪、柳良江编写了项目十。全书课程思政与素质部分由周燕鸥、陈再洪、陈春雨、柳良江负责编写。周燕鸥负责全书的统稿工作。重庆城市职业学院张建平教授审阅了全书并对初稿提出了很多宝贵的意见和建议，在此表示衷心的感谢。

  由于编者水平有限，书中难免有不妥之处，恳请广大读者批评指正。读者可通过 21156740@qq.com 与编者联系交流。

编　者

2022 年 5 月

项目一
常用电工仪表的使用

▶技能目标

1. 掌握 MF-47 型万用表的使用方法。
2. 掌握尖嘴钳、斜口钳、剥线钳等工具的使用。

▶知识目标

1. 了解万用表的测量原理。
2. 掌握尖嘴钳、斜口钳、剥线钳的使用方法。

▶课程思政与素质

1. 从落后就要挨打到奋发图强,从"中国制造 2025"到电路学习,教育学生要认真学习,为祖国发展、为科技强国、为实现中国梦而努力。
2. 通过实训操作,养成一丝不苟的良好工作习惯。

1.1　项　目　任　务

本项目为常用电工仪表的基础知识,项目的主要内容如表 1-1 所述。

表 1-1　项目一的主要内容

项目内容	1. 掌握万用表的工作原理 2. 掌握尖嘴钳、斜口钳、剥线钳的使用方法 3. 掌握万用表的测量方法
重点难点	1. 万用表的工作原理 2. 万用表的使用
参考的相关文件	1. GB/T 13869—2017《用电安全导则》 2. GB 19517—2009《国家电气设备安全技术规范》 3. GB/T 25295—2010《电气设备安全设计导则》 4. GB 50150—2016《电气装置安装工程　电气设备交接试验标准》 5. GB 7159—1987《电气技术中的文字符号制订通则》 6. GB/T 6988.1—2008《电气技术用文件的编制　第 1 部分:规则》
操作原则 与注意事项	1. 一般原则:必须在掌握了万用表的测量方法后才能进行测量,且务必按照技术文件和各独立元件的使用要求进行操作,以保证人员和设备安全 2. 测量过程注意事项:测量过程中,建议在每一步操作过程中都做好相应的记录,防止测量数据丢失

注:表中 GB 7159—1987《电气技术中的文字符号制订通则》在 2005 年 10 月已作废,

现在没有替代标准，当前教材中使用的符号仍为 GB 7159—1987 中规定的标准符号。

1.2 项目准备

常用电工仪表的使用项目所需工具如表 1-2 所示。

表 1-2 工 具 列 表

序号	分类	名称	型号规格	数量	单位	备注
1	工具	常用电工工具	—	1	套	—
2		万用表	MF-47F	1	台	—
3		数字万用表	—	1	台	—
3		尖嘴钳	—	1	套	—
4		斜口钳	—	1	套	—
5		剥线钳	—	1	套	—

1.3 背景知识

1.3.1 万用表的使用

1. 指针万用表

万用表是一种多用途、多量程的仪表，分为指针式万用表和数字式万用表两类。在低压电器安装与调试的实验实训环节中，很多场合都要使用万用表。实际应用中要注意所使用万用表的测量范围、工作频率、准确度、精度等级等参数对测量数据的影响。

指针式万用表具有结构简单、使用方便、可靠性高等优点。MF-47F 型指针式万用表的外形如图 1-1 所示。

图 1-1　MF-47F 型万用表

使用指针式万用表进行测试时，首先要把万用表放置为水平状态，观察其表针是否处于零点（指电源、电压刻度的零点），若不是，则应用小的一字螺丝刀细心调整表头下方的机械零位调整旋钮，使指针指向零点，然后根据被测项目，正确选择万用表上的测量项目及量程开关。如已知被测量值的范围，就选择与其相对应的范围量程；如果不知被测量值的范围，则应选择最大量程开始测量。当指针偏转角太小而无法精确读数时，应把量程逐步减小。一般以指针偏转角不小于最大刻度的 30% 作为合理量程。

1）万用表作为电阻表使用

MF-47F 型万用表作为电阻表使用时有 R×1、R×10、R×100、R×1 k、R×10k 共 5 挡可供选择。其测量方法和注意事项如下：

(1) 调整机械零位。首先观察表针是否在机械零位，如果不在零位，则用小的一字螺丝刀小心调整机械零位旋钮，使指针回归到零点。

(2) 调整电调零。将万用表拨盘开关拨到 R×1 ～ R×10k 挡位中的一个合适挡位，把红、黑两表笔相碰，在 $R_x = 0$(短路) 时调整表盘右下方的 Ω 调整器，使指针指在 0 Ω 处。万用表每次使用前都要调整零位，且每次选择倍率挡位后也都要重新电调零。这是因为其内接的干电池随着使用时间的加长，其电源内阻会增大，指针就有可能达不到满刻度，此时必须调整 Ω 调整器。

(3) 选择合适的量程。为了提高测量精度和保证被测对象的安全性，一般测量时，应调整量程使指针指在全刻度的 20% ～ 80% 范围之间，这样测量精度才能满足要求。

(4) 万用表在作为电阻表使用时应使用表内干电池。对外电路而言，红表笔接干电池的负极，黑表笔接干电池的正极。

(5) 测量较大电阻时，两手不要同时接触被测电阻的两端，否则人体电阻就会与被测电阻并联，使测量的电阻数值低于原电阻数值。另外，在进行有源电路上的电阻测量时，一定要将电路的电源切断，否则不但测量结果不准确（相当再外接一个电压），还会使大电流把表头烧坏。同时，还要将被测电阻的一端从电路上焊开，再进行测量，否则测得的电阻值是电路在该两点的总电阻。

(6) 测量的电阻值是表针指示的数值乘以倍率。如测量时指针指到 30，倍率在 R×10 挡位上，那么被测电阻则为 30 Ω×10 = 300 Ω。

测量完成后，应注意把量程开关拨在交流电压的最大量程位置上，千万不要放在电阻挡，以防止再次使用时因误操作而在电阻挡位测量电压或电流，造成万用表表头损坏。另外，两支表笔不能长期碰触到一起，否则会将内部干电池电量耗尽。

2）万用表作为直流电流表使用

MF-47F 型万用表作为直流电流表使用时有 0.05 mA、5 mA、50 mA、500 mA 共 5 挡可供选择。其测量方法和注意事项如下：

(1) 选择合适的挡位，将万用表串接在被测电路中。注意红表笔接电流流入的一端，黑表笔接电流流出的一端。如果不知被测电流的方向，那么则需要在电路一端先接好一支表笔，另一支表笔在电路另一端轻轻地碰一下，如果指针向右摆动，则说明接线正确；如果指针向左摆动（低于零点），则说明表笔接反了，需要将万用表的两支表笔位置调换。

(2) 选择相应的量程。在能看清读数和刻度的同时应尽量选用大量程挡位，因为量程挡位愈大，分流电阻愈小，电流表对被测电路的影响和引入的误差也愈小。

(3) 在测量大电流 (如 500 mA) 时，千万不要在测量过程中拨动万用表量程选择开关，以免产生电弧，烧坏转换开关的触点。

3) 万用表作为直流电压表使用

MF-47F 型万用表作为直流电压表使用时有 1000 V、500 V、250 V、50 V、10 V、2.5 V、1 V、0.25 V 共 8 挡可供选择。其测量方法和注意事项如下：

(1) 选择合适挡位。根据直流电压高低，选择万用表直流电压合适挡位。

(2) 正确接入表笔。万用表两表笔并联接在待测电路中，在测量直流电压时，应注意被测点电压的极性。正确的接法是红表笔接电压高的一端，黑表笔接电压低的一端。如果不知被测电压的极性，则可按前述测量电流时的试探方法试一下，如果指针向右偏转，则可以进行测量；如果指针向左偏转，则需要把红、黑表笔调换位置后再进行测量。

(3) 为了减少电压表内阻引入的误差，在指针偏转大于或等于最大刻度的 30% 时，应尽量选择大量程挡位进行测量。因为量程愈大，分压电阻愈大，电压表的等效内阻就愈大，对被测电路引入的误差就愈小。如果被测电路的内阻很大，则要求电压表的内阻更大，这样才会使测量精度更高。如 MF-10 型万用表的最大直流电压灵敏度 (100 kΩ/V) 比 MF-47F 型万用表的最大直流电压灵敏度 (20 kΩ/V) 高得多。

4) 万用表作为交流电压表使用

MF-47F 型万用表作为交流电压表使用时有 1000 V、500 V、250 V、50 V、10 V 共 5 挡可供选择。其测量方法和注意事项如下：

(1) 在测量交流电压时，不必考虑极性问题，只要将万用表并接在被测电路两端即可。因为交流电压内阻很小，所以不必选用高电压灵敏度的万用表。注意用交流电压挡测量时被测的电信号只能是正弦波，其频率应小于或等于万用表的允许工作频率，否则就会产生较大误差。

(2) 不要在测量较高的电压 (如 220 V) 时拨动量程开关，以免产生电弧，烧坏转换开关的触点。

(3) 在测大于或等于 100 V 的较高电压时，必须注意安全。最好先把一支表笔固定在被测电路的公共端，然后用另一支表笔去碰触另一被测端。

5) 用万用表测量电容、电感

用万用表测量电容、电感的方法为：转动开关至交流 10 V 位置，将被测电容 (电感) 串接于任一表笔上，而后跨接于 10 V 交流电压电路中进行测量。

2. 数字万用表

数字万用表的用途与指针式万用表类似，不同之处在于数字万用表的表头为数字电压表，它用液晶屏显示测量结果，可直接显示数字及单位。数字万用表的读数具有客观性和直观性，并且具有量程自动转换、价格低、使用方便、功耗小、体积小、准确度高等特点，应用十分广泛。

数字万用表的外形如图 1-2 所示。

图 1-2　数字万用表

1) 电压的测量

测量电压的步骤如下：

(1) 黑表笔接"COM"插孔，红表笔接"VΩ"插孔。

(2) 将功能开关转至"V"挡，如果被测电压大小未知，则应选择最大量程，再逐步减小，直至获得分辨率最高的读数。

(3) 测量直流电压时，应使"DC/AC"键弹起，置于 DC 测量方式；测量交流电压时，应使"DC/AC"键按下，置于 AC 测量方式。

(4) 用测试表笔可靠地接触测试点，屏幕即显示被测电压值；测量直流电压时，液晶屏显示红表笔所接点的电压与极性。

注意事项如下：

(1) 如液晶屏显示"1"或"OL"，表明所测量的值已超过数字万用表量程范围，需要将量程开关转至更高一挡挡位。

(2) 要测量的电压值不应超过 1000 V(直流) 和 750 V(交流)；转换功能和量程时，表笔要离开测试点。

(3) 当测量高电压时，千万注意避免身体触及高压电路。

2) 电流的测量

测量电流的步骤如下：

(1) 将黑表笔插入"COM"插孔，红表笔插入"MAX20A"插孔。

(2) 将功能开关转至"A"挡，如果被测电流大小未知，应选择最大量程，再逐步减小，直至获得分辨率最高的读数。

(3) 测量直流电流时，应使"DC/AC"键弹起，置于 DC 测量方式；测量交流电流时，应使"DC/AC"键按下，置于 AC 测量方式。

(4) 将万用表的红表笔串联接入被测电路中，万用表液晶屏即显示被测电流值；测量直流电流时，液晶屏显示红表笔所接的测试点的电流与极性。

注意事项如下：

(1) 如显示"1"或"OL"，表明所测量的值已超过量程范围，需要将量程开关转至更高挡位。

(2) 测量电流时，"mA"孔电流不应超过 200 mA，"20 A"孔电流不应超过 20 A(测试时间小于 10 s)。

(3) 转换功能和量程时，表笔要离开测试点。

3) 电阻的测量

测量电阻的步骤如下：

(1) 将黑表笔插入"COM"插孔，红表笔插入"VΩ"插孔。

(2) 将量程开关转至相应的电阻挡量程上，将表笔跨接在被测电阻上。

注意事项如下：

(1) 如果所测电阻值超过所选的量程值，则液晶屏会显示"1"或"OL"，这时应将开关转至高一挡挡位；如果输入端开路，则液晶屏将显示过载情形。

(2) 测量在线电阻时，要确认被测电路所有电源已关断且所有电容都已完全放电后才可进行测量。

(3) 请勿在功能开关处于电阻量程时输入电压。

(4) 当测量电阻值超过 1 MΩ 时，读数需经过几秒后才能稳定，这在测量高电阻时是正常的。

4) 电容的测量

测量电容的步骤为：将量程开关置于相应的电容量程上，并将被测电容插入"mA"及"COM"插孔，必要时注意极性。

注意事项如下：

(1) 被测电容值超过所选量程的最大值时，液晶屏将只显示"1"或"OL"，此时则应将开关转至高一挡挡位。

(2) 在测试电容之前，液晶屏上可能尚有残留读数，属正常现象，不会影响测量结果。

(3) 当用大电容挡测量严重漏电或击穿电容时，液晶屏将显示一数字值且不稳定。

(4) 必须在测量电容容量之前对电容进行充分放电，以防损坏万用表，且严禁在功能开关处于此挡时输入电压。

5) 电感的测量

测量电感的步骤为：将量程开关置于相应的电感量程上，并将被测电感插入"mA"及"COM"插孔。

注意事项如下：

(1) 如被测电感超过所选量程的最大值，液晶屏将只显示"1"或"OL"，此时应将开关转至高一挡挡位。

(2) 同一电感量在不同阻抗时测得的电感值可能不同。

(3) 在使用 2 mH 量程时，应先将表笔短路，测得引线电感值，然后在实测值中减去此值。

(4) 严禁在功能开关处于此挡时输入电压。

1.3.2　钳形电流表的使用

钳形电流表简称钳表，是电工测量的常用仪表之一，主要用于测量交流电流。其最大优点是不用断开电路就可以测量电流，使用非常灵活、方便，缺点是测量精度比较低，一般为 2.5 级或 5.0 级。钳形电流表的外形如图 1-3 所示。

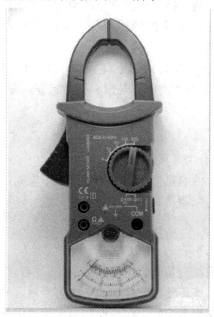

图 1-3　钳形电流表

1. 结构及原理

钳形电流表实质上是由一只电流互感器、钳形扳手和一只电磁式电流表所组成。钳形电流表工作部分主要由一只电磁式电流表和穿芯式电流互感器组成。穿芯式电流互感器铁芯制成活动开口，且成钳形，故也称为钳形电流表。穿芯式电流互感器的副边绕组缠绕在铁芯上且与交流电流表相连，它的原边绕组即为穿过互感器中心的被测导线。钳形电流表上的旋钮实际上是一个量程选择开关，而扳手的作用则是开合穿芯式互感器铁芯的可动部分，以便使其钳入被测导线。

2. 分类

当前市场上出售的钳形电流表的品牌、型号众多，功能和外观也不尽相同，但可从以下不同角度对其进行分类。

1) 按工作方式分类

钳形电流表按工作方式分类，可以分为以下三类：

(1) 整流系钳形电流表：是由整流系仪表与钳形电流互感器所组成的一种仪表，能在被测电路不断开的情况下测量被测电路中的交流电流。

(2) 电磁系钳形电流表：是由电磁系仪表与钳形电流互感器所组成的一种仪表，能在被测电路不断开的情况下测量被测电路中的交直流电流。

（3）电子系钳形电流表：是由数字式电压基本表、电子测量电路与钳形电流互感器（或钳形霍尔式互感器）所组成的一种仪表，能在被测电路不断开的情况下测量被测电路中的交流电流（或交直流电流）。

2）按测量结果的显示形式分类

钳形电流表按测量结果的显示形式分类，可以分为以下两类：

（1）指针式钳形电流表：通过指针在表盘上摆动的大小来指示被测量的数值。

（2）数字式钳形电流表：以数字的形式直接在数码显示器（LCD）上显示出被测量的数值。

数字式钳形表的工作原理与指针式钳形表基本一致，不同的只是前者采用液晶显示屏显示数字结果。数字式钳形表最大的特点是没有读数误差，能够记忆测量的结果，可以先测量后读数。

3）按耐压等级分类

钳形电流表按耐压等级分类，可以分为以下两类：

（1）低压钳形电流表：只能测量低压系统的电流，不能测量高压系统的电流。

（2）高压钳形电流表：可以测量高压系统的电流，也可以测量低压系统的电流。

4）按功能分类

钳形电流表按功能分类，可以分为以下三类：

（1）交流钳形电流表：只能测量交流电流。

（2）交直流钳形电流表：既可测量交流电流，也可测量直流电流。

（3）多功能（或多用）钳形电流表：在普通钳形电流表的基础上增加了万用表的功能，除具有钳测电流功能外，还可测量交直流电压、电阻，有的还增加了测量电路通断、频率、温度峰值平均值、功率、功率因数、相序及二极管与电容器参数等功能。

3. 使用方法

用钳形电流表测量电流时，按动扳手打开钳口将被测载流导线置于穿芯式电流互感器的中间，当被测导线中有交变电流通过时，交流电流的磁通在互感器副边绕组中感应出电流，该电流通过电磁式电流表的线圈，使指针发生偏转，在表盘标度尺上指示出被测电流值。具体使用方法如下：

（1）测量前要机械调零。

（2）选择合适的量程，先选大量程，后选小量程，或看铭牌值估算。

（3）当使用最小量程测量其读数还不明显时，可将被测导线绕几匝，匝数要以钳口中央的匝数为准，则读数 $= \dfrac{指示值 \times 量程}{满偏 \times 匝数}$。

（4）测量时，应使被测导线处在钳口的中央，并使钳口闭合紧密，以减少误差。

（5）测量完毕，要将转换开关放在最大量程处。

4. 注意事项

使用钳形电流表时应注意以下事项：

(1) 被测线路的电压要低于钳形电流表的额定电压。

(2) 测高压线路的电流时，要戴绝缘手套，穿绝缘鞋，站在绝缘垫上。

(3) 钳口要闭合紧密，且不能带电换量程。

(4) 测量前，应检查外观是否良好，绝缘有无破损，手柄是否清洁、干燥；检查电流表指针是否指向零位，若不指零，应进行机械调零。

(5) 测量前，应检查钳口的开合情况，要求钳口可动部分开合自如，两边钳口结合面接触紧密，以减少漏磁通和提高测量精确度。

(6) 测量时，应戴好绝缘手套或干净的线手套，特别是测高压线路的电流时，一定要戴绝缘手套，穿绝缘鞋，站在绝缘垫上；量程选择旋钮应置于适当位置，以便在测量时使指针超过中间刻度，以减少测量误差，更不能在测量过程中更换挡位。如事先不知道被测电路的电流大小，可先将量程选择旋钮至于高挡位，然后再根据指针偏转情况将量程旋钮调整到合适位置。

(7) 若被测电流太小，可将被测载流导线在铁芯上多绕几匝，将指示值除以匝数即可得出实测电流值。

(8) 测量时，应将被测导线置于钳口内中心位置，以利于减小测量误差。

(9) 被测线路的电压要低于钳型电流表的额定电压。

(10) 钳形表不用时，应将量程选择旋钮旋至最高量程挡，以免下次使用时不慎损坏仪表。

1.3.3 兆欧表的使用

兆欧表 (Megger)(如图 1-4 所示) 大多采用手摇发电机供电，故又称摇表。它的刻度是以兆欧 (MΩ) 为单位的。它是电工常用的一种测量仪表，主要用来检查电气设备、家用电器或电气线路对地及相间的绝缘电阻，以保证这些设备、电器和线路工作在正常状态，避免发生触电伤亡及设备损坏等事故。

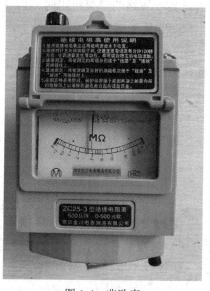

图 1-4　兆欧表

1. 工作原理

数字兆欧表由中大规模集成电路组成，其输出功率大，短路电流值高，输出电压等级多（有四个电压等级）。工作原理为：由机内电池作为电源，经 DC/DC 变换产生的直流高压由 E 极输出，并经被测试设备、电路或线路到达 L 极，从而产生一个从 E 到 L 极的电流，经过 I/V 变换，再经除法器完成运算后直接将被测的绝缘电阻值由 LCD 显示出来。

2. 兆欧表的特点

兆欧表具有以下特点：

(1) 输出功率大，带载能力强，抗干扰能力强。

(2) 兆欧表外壳由高强度铝合金组成，机内设置有等电位保护环和四阶有源低通滤波器，对外界工频及强电磁场可起到有效的屏蔽作用；对容性试品进行测量时由于输出短路电流大于 1.6 mA，所以很容易使测试电压迅速上升到输出电压的额定值；对低阻值被测物测量时由于采用比例法设计，故电压下落并不影响测试精度。

(3) 不需人力做功，由电池供电，量程可自动转换；一目了然的面板操作和 LCD 显示使得测量十分方便和迅捷。

(4) 输出短路电流可直接测量，不需带载测量后进行估算。

3. 兆欧表的选择

兆欧表的选择依据主要是其电压及测量范围。高压电气设备绝缘电阻要求高，必须选用电压高的兆欧表进行测试；低压电气设备内部绝缘材料所能承受的电压不高，为保证设备安全，必须选用电压低的兆欧表。

选择兆欧表测量范围的原则是不使测量范围过多地超出被测绝缘电阻的数值，以免因刻度较粗而产生较大的误差。因此兆欧表的电压等级应高于被测物的绝缘电压等级。所以测量额定电压在 500 V 以下的设备或线路的绝缘电阻时，可选用 500 ~ 1000 V 兆欧表；测量额定电压在 500 V 以上的设备或线路的绝缘电阻时，应选用 1000 ~ 2500 V 兆欧表；测量绝缘子时，应选用 2500 ~ 5000 V 兆欧表。一般情况下，测量低压电气设备绝缘电阻时可选用 0 ~ 200 MΩ 量程的兆欧表。

4. 兆欧表的使用注意事项

兆欧表的使用应注意以下事项：

(1) 测量前必须将被测物电源切断，并对地短路放电，决不能在被测物带电时进行测量，以保证人身和设备的安全。对可能感应出高压电的设备，必须消除这种可能性后才能进行测量。

(2) 被测物表面要清洁，减少接触电阻，确保测量结果的正确性。

(3) 测量前应将兆欧表进行一次开路和短路试验，以检查兆欧表是否良好。即在兆欧表未接入被测物之前，摇动手柄使发电机达到额定转速 (120 r/min)，观察兆欧表指针是否指在标尺的"∞"位置；然后将接线柱线 (L) 和地 (E) 短接，缓慢摇动手柄，观察指针是否指在标尺的"0"位置。如指针不能指到该指的位置，表明兆欧表有故障，应检修后再用。

(4) 兆欧表使用时应放在平稳、牢固的地方，且远离大的外电流导体和外磁场。

(5) 必须正确接线。兆欧表上一般有三个接线柱，分别标有L(线路)、E(接地)和G(屏蔽)。其中接线柱L接在被测物和大地绝缘的导体部分，接线柱E接被测物的外壳或大地，接线柱G接在被测物的屏蔽上或不需要测量的部分。测量绝缘电阻时，一般只用接线柱L和接线柱E，但在测量电缆对地的绝缘电阻或被测设备的漏电流较严重时，就要使用接线柱G，并将接线柱G接屏蔽层或外壳。线路接好后，可按顺时针方向转动摇把，摇动的速度应由慢而快，当转速达到120 r/min左右时(ZC-25型)，保持匀速转动，1 min后读数，并且要边摇边读数，不能停下来读数。

(6) 测量时应将兆欧表置于水平位置，摇把转动时其端钮间不许短路。摇动手柄应由慢渐快，若发现指针指零说明被测绝缘物可能发生了短路，这时就不能继续摇动手柄，以防兆欧表内线圈发热损坏。

(7) 读数完毕要将被测物放电。放电方法是将测量时使用的地线从兆欧表上取下来与被测物短接一下即可(不是兆欧表放电)。

5. 兆欧表的维护

测量前要先切断被测物的电源，并将被测物的导电部分与大地连接，进行充分放电，以保证安全。用数字兆欧表测量过的电气设备也要及时接地放电后，方可进行再次测量。测量前要先检查数字兆欧表是否完好，即在数字兆欧表未接入被测物之前，打开电源开关，检测数字兆欧表电池情况，如果数字兆欧表电池欠压应及时更换电池，否则测量数据不可取。将测试线插入接线柱 L 和 E 孔，选择测试电压，断开测试线，按下测试按键，观察液晶屏是否显示为无穷大；然后将接线柱 L 和 E 短接，按下测试按键，观察液晶屏是否显示为 "0"。如液晶屏不显示无穷大或 "0"，表明数字兆欧表有故障，应检修后再用。如测量电缆的绝缘电阻时，由于绝缘材料表面存在漏电电流，因此将使测量结果不准，尤其是在湿度很大的场合及电缆绝缘表面又不干净的情况下，会使测量误差很大。为避免表面电流的影响，可在被测物的表面加一个金属屏蔽环，与数字兆欧表的屏蔽接线柱 G 相连。此时表面漏电流 I_B 从兆欧表的发电机正极出发，经接线柱 G 流回兆欧表的发电机负极而构成回路，I_B 不再经过兆欧表的测量机构，因此从根本上消除了表面漏电流的影响。接线柱与被测物间连接的导线不能用双股绝缘线或绞线，应该用单股线分开单独连接，避免因绞线绝缘不良而引起误差。为获得正确的测量结果，被测物的表面应用干净的布或棉纱擦拭干净。测量具有大电容的设备的绝缘电阻时，读数后不能立即断开兆欧表，否则已被充电的电容器将对兆欧表放电，有可能烧坏兆欧表。应在读数后首先断开测试线，然后再停止测试，且在兆欧表和被测物充分放电以前，不能用手触及被测物的导电部分。测量被测物的绝缘电阻时，还应记下测量时的温度、湿度、被测物的有关状况等，以便于对测量结果进行分析。

6. 注意事项

使用兆欧表时应注意以下事项：

(1) 禁止在雷电时或高压设备附近测量绝缘电阻，只能在设备不带电也没有感应电的情况下测量。

(2) 测量过程中，被测物上不能有人工作。

(3) 兆欧表的电线不能绞在一起。

(4) 兆欧表未停止转动之前或被测物未放电之前，严禁用手触及；拆线时，也不要触及引线的金属部分。

(5) 测量结束时，对于大电容设备要进行放电。

(6) 从兆欧表接线柱引出的测量软线绝缘应良好，两根导线之间和导线与地之间应保持适当距离，以免影响测量精度。

(7) 为了防止被测物表面泄漏电阻，使用兆欧表时，应将被测物的中间层 (如电缆壳芯之间的内层绝缘物) 接于保护环。

(8) 要定期校验兆欧表准确度。

7. 校准步骤

兆欧表的校准步骤如下：

(1) 准备所需仪器仪表，即范围为 $10^3 \sim 10^{12}$ 具有精度 1% 的阻抗电桥、高精度相对湿度计 (High Accuracy Relative Hygrometer) 和高精度温度表 (High Accuracy Thermometer)。

(2) 打开兆欧表盖，切莫损伤电路板上两条连接电源开关的导线。

(3) 找到电路板右下方 3 个校正调节器 (Calibration Pots)。

(4) 使表在这一环境条件下放置 0.5 h 以上，取得自平衡后才可开始测试。

(5) 采用 ACL-800 表自带的连接线，一端连接鳄鱼夹，另一端连接香蕉插头。

(6) 将 3.5 mm 长的插头插入表的插口。

(7) 用鳄鱼夹连接电阻器两端。

(8) 用小号螺丝刀调节 3 个校正调节器 (最上面的为"湿度"校正调节器，中间的为"阻抗"校正调节器，最下面的为"温度"校正调节器)，顺时针方向为增加调节值，逆时针方向为降低调节值。

(9) 按下电源开关，同时比较"温度"值、"湿度"值和"电阻"值。

(10) 释放电源开关，并慢慢调节相应的校正调节器。

(11) 再次按下电源开关，观察 LCD 显示屏。

(12) 如需要再校准，可再按下电源开关和调节校正器。

(13) 盖上表盖并将 4 个固定螺丝旋紧。

(14) 按下电源开关，确定兆欧表工作正常。

8. 电阻的测量

用兆欧表测量电阻是指测量被测物表面一点与被测物表面上另一接地点之间的表面电阻。这种测量方法符合 EOS/ESD S4.1 测量标准。具体步骤如下：

(1) 将两条连线的一端分别插入表的两个 3.5 mm 插孔，然后将其中一条接鳄鱼夹，另外一条与一个 5 磅重盘形探头相连。

(2) 将鳄鱼夹子接到所知的接地点上，按照测量要求将盘形探头放在待测物表面上。

(3) 按下测量按钮直至电阻 (单位为欧姆) 值、相对湿度值、温度值显示在显示屏上，且测量结果符合 EIA、EOS/ESD、ANSI、IEC-93、CECC、ASTM 测量标准。测量高阻抗材料时，为保证得到高精度测量结果，需注意不要使两引线交叠，以及不要用手接触探头、引线和被测物。

1.4 操作指导

1. 万用表的使用

1) 电阻的测量

用万用表测量电阻的方法为：将万用表拨盘开关拨至电阻挡 (R×1，R×10，R×100，R×1k)，选择适当的量程，两表笔分别接触待测电阻的两端，从万用表上读取电阻值。(注：电阻值等于指示数值乘以所选量程的倍数)。

2) 电压的测量

(1) 交流电压的测量过程如下：

① 将万用表拨至交流电压档，根据电压大小选择合适的量程。

② 红黑表笔分别接触到交流电源的两个极上。

③ 从万用表的表头显示器上读取所测电压数值。

(2) 直流电压的测量过程如下：

① 将万用表拨至直流电压挡，根据电压大小选择合适的量程。

② 两表笔分别接触到直流电源的两个极上。

③ 从万用表的表头显示器上读取电压数值。

3) 电流的测量。

用万用表测量电流与测量电压的方法基本相同，不同的只是测量电流时是把万用表的红黑表笔串联在电路中。

2. 钳形电流表的使用

(1) 按电动机铭牌规定，接好接线盒内的连接片。

(2) 按规定接入三相交流电路，令其通电运行。

(3) 用钳形电流表检测启动瞬时启动电流和转速达到额定值后的空载电流，并记录测量数据。

(4) 导线在钳口绕两匝后，测空载电流，并记录测量数据。

(5) 在电动机空载运行时，人为断开一相电源，如取下某一相熔断器，用钳形电流表检测缺相运行电流 (检测时间尽量短)，测量完毕后立即断开电源，并记录测量数据。

3. 兆欧表的使用

使用兆欧表可进行下列测量：

(1) 照明及动力线路对地的绝缘电阻。

(2) 电动机的绝缘电阻。

(3) 电缆的绝缘电阻。

1.5 质量评价标准

本项目的质量考核要求及评分标准如表 1-3 所示。

表 1-3　项目质量考核要求及评分标准

考核项目	考核要求	配分	评分标准	扣分	得分	备注
万用表的使用	万用表测量电源电压	20	1. 带电测量未注意安全扣 1 分 2. 挡位选择错误扣 2 分 3. 测量错误扣 2 分 4. 读数错误扣 2 分			
钳形电流表的使用	钳形电流表测量电动机每相空载电流	20	1. 带电测量未注意安全扣 5 分 2. 挡位选错扣 2 分 3. 带电换挡扣 5 分 4. 测量时钳形电流表使用不规范，每处扣 2 分 5. 测量数据错误扣 5 分			
兆欧表的使用	测量电动机相对地的绝缘电阻、相间绝缘电阻	20	1. 兆欧表选择错误扣 2 分 2. 未开路或短路校验兆欧表，每处扣 2 分；不能判断兆欧表的好坏扣 2 分 3. 接线错误扣 2 分 4. 少测量 1 相扣 5 分 5. 测量时兆欧表使用不规范，1 处扣 1 分			
安全生产	自觉遵守安全文明生产规程	10	1. 每违反一项规定，扣 3 分 2. 发生安全事故，按 0 分处理			
时间	1.5 小时	10	1. 提前正确完成，每 5 分钟加 2 分 2. 超过定额时间，每 5 分钟扣 2 分			

练 习 题

1. 简述万用表测量电压的步骤。
2. 简述钳形电流表的使用方法。
3. 简述兆欧表的使用方法及注意事项。

典型低压电器的拆装、检修及调试

▶技能目标

1. 能正确选用低压电器的型号和规格。
2. 能根据低压电器的外形结构识别各种电器。
3. 能熟练拆装典型低压电气元件。
4. 能熟练维修典型低压电气元件。
5. 能正确调整典型低压电气的各种参数。
6. 会查阅相关技术资料和工具书。

▶知识目标

1. 掌握常用低压器件的工作原理。
2. 掌握常用低压器件的基本结构、分类及选用方法。
3. 掌握常用低压器件的检测、维修方法。

▶课程思政与素质

通过对典型低压电器的拆装、检修及调试的学习，帮助学生树立理论联系实际的学习习惯，以及培养学生善于观察和勤于动手的习惯。

2.1　项目任务

本项目为典型低压电器的拆装、检修及调试的基础知识，项目主要内容如表 2-1 所述。

表 2-1　项目二的主要内容

项目内容	1. 掌握常用低压器件的工作原理
	2. 掌握常用低压器件的基本结构、分类及选用方法
	3. 掌握常用低压器件的检测、维修方法
重点难点	1. 常用低压电器的使用和选择
	2. 常用低压电器的工作原理
	3. 常用低压电器的维修

续表

参考的相关文件	1. GB/T 13869—2017《用电安全导则》 2. GB 19517—2009《国家电气设备安全技术规范》 3. GB/T 25295—2010《电气设备安全设计导则》 4. GB 50150—2016《电气装置安装工程　电气设备交接试验标准》 5. GB/T 7159—1987《电气技术中的文字符号制订通则》 6. GB/T 6988.1—2008《电气技术用文件的编制　第 1 部分：规则》
操作原则与安全注意事项	1. 一般原则：学生必须在指导老师的指导下才能对相关器件进行拆装且务必按照技术文件和各独立元件的使用要求进行操作，以保证人员和设备安全 2. 拆装过程注意事项：拆装过程中，建议对每一步骤操作过程都做相应记录，防止器件拆下来后装不上的情况出现

▶项目导读

　　在工矿企业的电气控制设备中，其控制线路基本上使用的都是低压电器，如图 2-1 所示。因此，低压电器是电气控制中的基本组成部分，同时也是重要的组成部分，控制系统性能的优劣与低压电器的性能有很大关系。因此作为相关专业技术人员，不但要熟悉常用低压电器的结构、工作原理、使用方法，更应该掌握它的检测、维修和合理的选择方法。

图 2-1　企业中常用电气控制设备

2.1.1　接触器的拆装训练任务书

接触器的拆装训练任务书如表 2-2 所述。

表 2-2　接触器的拆装训练任务书

学院　———		低压电器装表调指导书	文件编号	
工序号：		工序名称：接触器的拆装	版　次	

1. 线圈外部接线端　2. 松开底盖螺丝　3. 取下盖
4. 取下衔铁　5. 取下弹簧夹片　6. 取出弹簧
7. 取下线圈连接片　8. 取出线圈　9. 接触器

	作　业　内　容
1	准备一个型号为 CJT1-10 的交流接触器
2	拆卸前，首先将交流接触器线圈两端的外部接线端子螺丝松开
3	打开底部盖子，将交流接触器倒置，以防止内部器件散落
4	打开底盖后，取出铁芯、弹簧夹片及弹簧及反作用力弹簧
5	取出线圈前，先将线圈的两个外部连接片取下，然后再取出力弹簧
6	取出相关部件后，检查并清理接触器内部杂物及灰尘

使用工具：十字螺丝刀、万用表、刀片、镊子、毛刷子

工艺要求（注意事项）

1	在拆卸的过程中要将拆卸的每一步都都按照顺序做好记录，为后面的组装记录一手资料
2	在拆卸的过程中要将各部件对应的螺丝区分存放，以防止后面安装时混清
3	接触器内部有反作用力弹簧，在打开底盖时的底，要适当地将底盖按住，防止底盖螺丝完全松平时内部器件弹出
4	对于没有固定的部件，在取下时，要记好该部件的位置和方向，具体起什么作用
5	在对内部灰尘或杂物进行清理时，思考为什么会这样放置，一定要掌握好力度，防止在清理时损坏内部结构

编制		审核	
批准		生产日期	
更改标记			
更改人签名			

2.1.2 时间接触器的拆装训练任务书

时间接触器的拆装训练任务书如表 2-3 所述。

表 2-3　时间接触器的拆装训练任务书

学院	低压电器装调指导书	文件编号	
工序名称：时间接触器的拆装		版　次	
工序号：			

1. 线圈的拆卸 (a)　　线圈的拆卸 (b)

2. 线圈支架的拆卸 (a)　　线圈支架的拆卸 (b)

3. 计时系统的拆卸

4. 时间继电器部件结构图　　5. 时间继电器

	作 业 内 容
1	准备一个型号为 JS7-1A 的时间继电器
2	对时间继电器线圈进行拆卸
3	将固定线圈的支架拆下，拆卸时用两拇指向外撬支架钩，向外撬的同时，稍微往下使之力方可拆下
4	拆下计时系统
5	取出相关部件后，检查并清理时间继电器内部杂物及灰尘
	使 用 工 具
	十字螺丝刀、万用表、刀片、镊子、毛刷子
	工艺要求（注意事项）
1	在拆卸的过程中要将拆卸的每一步都按照顺序做好记录，为后面的组装记录第一手资料
2	在拆卸的过程中要将各部件对应的螺丝区分存放，以防止后面安装时混淆
3	在拆卸时间继电器线圈时要把握好方向和力度，最好不要碰线圈的反作用力弹簧，防止弹出
4	安装过程与拆卸过程相反，在安装完成后，要对时间继电器的线圈、常开触点、常闭触点进行检测

编　制		审　核	
批　准			
生产日期			

更改标记	
更改人签名	

2.1.3　行程开关的拆装训练任务书

行程开关的拆装训练任务书如表 2-4 所述。

表 2-4　行程开关的拆装训练任务书

学院 ————		低压电器装装指导书	文件编号	
工序号：		工序名称：行程开关的拆装	版　　次	

作业内容

序号	作业内容
1	准备一个 JLXK1-211 型号的行程开关
2	打开行程开关的外壳
3	卸下行程开关的触头系统（触头系统固定在行程开关内部）
4	用小一字螺丝刀拨开触头系统外壳盖，里面包含一对常开触头和一对常闭触头
5	拆卸行程开关动作连杆机构
6	检测行程开关的常开触头与常闭触头

使用工具

十字螺丝刀、万用表、刀片、镊子、毛刷子

工艺要求（注意事项）

序号	内容
1	在拆卸的过程中要将拆卸的每一步都按照顺序做好记录，为后面的组装做记录，保存一手资料
2	在拆卸的过程中要将各部件对应的螺丝区分存放，以防止后面安装时混淆
3	在拨开触头系统的外壳盖时要握好力度，尽量不要碰动作连杆，防止动作弹片弹出
4	在拆卸动作连杆机构时要注意连杆中转连杆的位置
5	清理触头系统内部的灰尘或杂质，防止接触不好
6	安装步骤与拆卸步骤相反，安装外壳盖之前，还要对行程开关的常开触头和常闭触头进行检测

图示步骤

1. 打开外壳盖
2. 拆下触头系统
3. 打开触头系统
4. 拆卸触头系统
5. 卸下连杆机构
6. 连杆机构结构
7. 触头的检测
8. 行程开关

编制		审核		批准		生产日期	
更改标记							
更改人签名							

2.2 项目准备

2.2.1 任务流程图

典型低压电器的拆装、检修及调试任务流程图如图 2-2 所示。

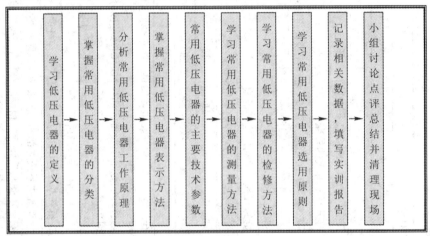

学习低压电器的定义 → 掌握常用低压电器的分类 → 分析常用低压电器工作原理 → 掌握常用低压电器表示方法 → 常用低压电器的主要技术参数 → 学习常用低压电器的测量方法 → 学习常用低压电器的检修方法 → 学习常用低压电器选用原则 → 记录相关数据，填写实训报告 → 小组讨论点评总结并清理现场

图 2-2 任务流程图

2.2.2 所需工具列表

典型低压电器的拆装、检修及调试所需工具如表 2-5 所示。

表 2-5 工具列表

序号	分类	名称	型号规格	数量	单位	备注
1	工具	常用电工工具	—	1	套	—
2		万用表	MF-47F	1	台	—
3	元器件	开关电器	—	1	个	—
4		接触器	—	1	个	—
5		继电器	—	1	个	—
6		熔断器	—	1	台	—
7		主令电器	—	1	组	—

2.3 背景知识

2.3.1 低压电器概述

电器与电气的区别是什么？电气是电能的生产、传输、分配、使用和电工装备制造等学科和工程领域的统称，是以电能与电气设备和电气技术为手段来创造、维持与改善限定空间和环境的一门科学，涵盖电能的转换、利用和研究三个方面，包括基础理论、应用技术、设施设备等，电子、电器和电力都属于电气工程。电气是不可触摸、抽象的分类概念，不是具体指某个设备或器件，而是整个系统和电子、电器、电力的范畴。电器泛指所有用电的器具，也就是具体的用电设备。从专业角度上来讲，电器是一种能根据外界信号（机械力、电动力和其他物理量）自动或手动接通和断开电路，从而断续或连续地改变电路参数或状态，实现对电路或非电对象的切换、控制、保护、测量、指示和调节的电气元件或设备。

电器的范围要狭隘一些，电器是实物词，指具体的物质，一般是指保证用电设备与电网接通或关断的开关器件及具体用电设备（如家用电器），而电气更为宽泛，与电有关的一切相关事物都可用电气表述。电器侧重于个体，是元件和设备，而电气则涉及整个系统或者系统集成。电气是广义词，指一种行业，一种专业，不具体指某种产品。电气也指一种技术，如电气自动化，包括工厂电气（如变压器、供电线路）、建筑电气等。

低压电器是指额定电压等级在交流 1200 V、直流 1500 V 以下的电器。在我国工业控制电路中最常用的三相交流电压等级为 380 V，只有在特定行业环境下才用其他电压等级，如煤矿井下的电钻用 127 V、运输机用 660 V、采煤机用 1140 V 等。

2.3.2　开关电器

开关电器常用于隔离、转换、接通及分断电路，可用于机床电路的电源开关、局部照明电路的开关，有时也可以用来直接对小容量电动机的启动、停止和正反转实时控制。通常使用的低压开关有刀开关、开启式负荷开关、封闭式负荷开关、组合开关和低压断路器。

1. 刀开关

刀开关是手动电器中年限最久的、结构最简单的一种，通常用于频繁地接通和分断容量不太大的低压供电线路设备。

2. 开启式负荷开关

常用的胶盖开关是开启式负荷开关的一种，通常用于电器照明电路、电热回路和小于 5.5 kW 的电动机控制线路中。

开启式负荷开关主要用作隔离电源，也可用来非频繁地接通和分断容量较小的低压配电线路。这种开关的外形与结构如图 2-3 所示，图形符号如图 2-4 所示，型号与含义如图 2-5 所示。

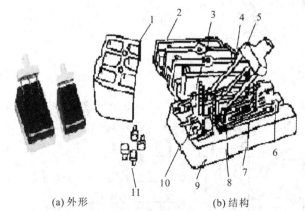

(a) 外形　　　　　　　(b) 结构

1—上胶盖；2—下胶盖；3—插座；4—触刀；5—操作手柄；
6—进线端；7—熔丝；8—触点座；9—底座；10—出线端；11—固定螺母

图 2-3　开启式负荷开关外形和结构

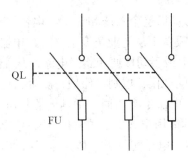

图 2-4　开启式负荷开关图形符号

图 2-5　型号与含义

这种开关的设计序号的具体含义为：11——中央手柄式；12——侧方正面杠杆操作机构式；13——中央正面杠杆操作机构式；14——侧面手柄式。

3. 封闭式负荷开关

封闭式负荷开关(俗称铁壳开关)的外形、结构与图形符号如图 2-6 所示，型号与含义如图 2-7 所示。

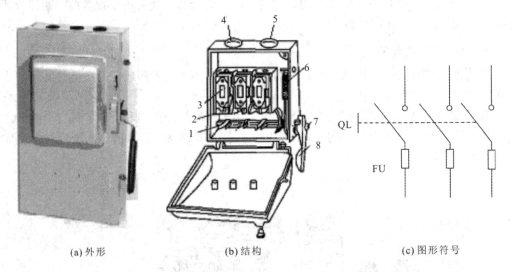

(a)外形　　　　　　(b)结构　　　　　　(c)图形符号

1—触刀；2—插座；3—熔断器；4—进线口；5—出线口；6—速断弹簧；7—转轴；8—操作手柄

图 2-6　封闭式负荷开关外形、结构和图形符号

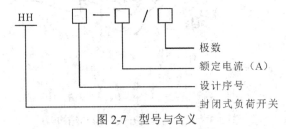

图 2-7　型号与含义

4. 组合开关

1) 组合开关的作用

组合开关主要用于电源的引入开关，通断小电流电路和控制 5 kW 以下电动机。

2) 组合开关的分类

组合开关按极数分为单极、双极和三极；按层数分为三层、六层等。

3) 组合开关的外形、结构、图形符号及型号

组合开关外形、结构与图形符号如图 2-8 所示，型号与含义如图 2-9 所示。

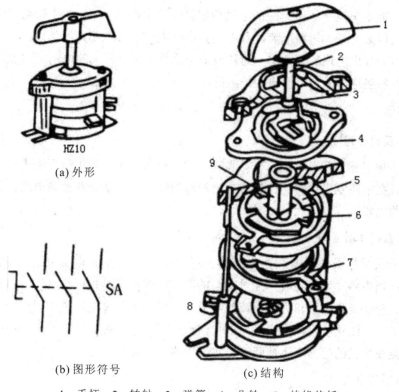

(a) 外形

HZ10

(b) 图形符号

(c) 结构

1—手柄；2—转轴；3—弹簧；4—凸轮；5—绝缘垫板；
6—动触片；7—静触片；8—接线柱；9—绝缘杆

图 2-8　组合式开关外形、结构、图形符号

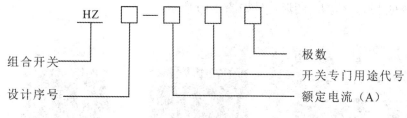

图 2-9　型号与含义

4) 组合开关的选用原则

(1) 结构型式的选择。可根据组合开关在线路中的作用和它在成套配电装置中的安装

位置来确定它的结构形式。如果仅用来隔离电源，则只需选用不带灭弧罩的产品；如果用来分断负载，则应选用带灭弧罩，而且是通过杠杆来操作的产品；如果用中央手柄式刀开关不能切断负荷电流，但用其他形式的开关可切断一定的负荷电流，则必须选用带灭弧罩的组合开关。此外，还应根据是正面操作还是侧面操作，是直接操作还是杠杆传动，是板前接线还是板后接线等来选择组合开关的结构型式。

(2) 额定电流的选择。组合开关的额定电流一般应等于或大于所关断电路中的各个负载额定电流的总和。若负载是电动机，就必须考虑电动机的启动电流应是额定电流的 4 ～ 7 倍，故应选用额定电流大一级的组合开关。此外还要考虑电路中可能出现的最大短路峰值电流是否在额定电流等级所对应的电动稳定性峰值电流以下（当发生短路事故时，如果组合开关能通以某一最大短路电流，并不因其所产生的巨大电动力的作用而发生变形、损坏或者触刀自动弹出的现象，则这一短路峰值电流就是组合开关的电动稳定性峰值电流）。如有超过，就应当选用额定电流更大一级的组合开关。

5. 断路器

1) 断路器的作用

断路器一般是指低压断路器，俗称自动开关或空气开关，用于低压配电电路中不频繁的通断控制。在电路发生短路、过载或欠电压等故障时能自动分断故障电路，是一种用于控制兼保护的电器。

2) 断路器的工作原理

断路器开关是靠操作机构手动或电动合闸的，触头闭合后，自由脱扣机构将触头锁在合闸位置上。当电路发生故障时，通过各自的脱扣器使自由脱扣机构动作，自动跳闸以实现保护作用。分励脱扣器则作为远距离控制分断电路之用。过电流脱扣器用于线路的短路和过电流保护，当线路的电流大于额定的电流值时，过电流脱扣器所产生的电磁力使挂钩脱扣，动触点在弹簧的拉力下迅速断开，实现短路器的跳闸功能。

3) 断路器的分类

断路器可分为油断路器、压缩空气断路器、真空断路器和 SF6 断路器。

4) 断路器的外形、结构与图形符号

断路器的外形、结构与图形符号如图 2-10 所示。

(a) 断路器外形

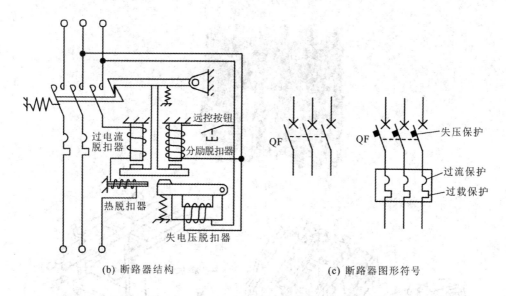

(b) 断路器结构　　　　　　　　　　　　(c) 断路器图形符号

图 2-10　断路器外形、结构、图形符号

5) 断路器的选用

(1) 断路器结构形式应根据使用场合和保护要求来选择。一般选用塑壳式；短路电流很大时选用限流型；额定电流比较大或有选择性保护要求时选用框架式；控制和保护含有半导体器件的直流电路时应选用直流快速断路器等。

(2) 断路器额定电压、电流应大于或等于线路与设备的正常工作电压和工作电流。

(3) 断路器极限通断能力应大于或等于电路最大短路电流。

(4) 断路器的欠电压脱扣器额定电压应等于线路额定电压。

(5) 断路器的过电流脱扣器的额定电流应大于或等于线路的最大负载电流。

2.3.3　接触器

1. 接触器的作用

接触器主要用于控制电动机、电热设备、电焊机、电容器组等，能频繁地接通或断开交直流主电路，实现远距离自动控制。它具有低电压释放保护功能，在电力拖动自动控制线路中被广泛应用。

2. 接触器的工作原理

接触器的工作原理为：当线圈接通额定电压时，产生电磁力，克服弹簧反力，吸引动铁芯向下运动，动铁芯带动绝缘连杆和动触头向下运动使常开触头闭合，常闭触头断开；当线圈失电或电压低于释放电压时，电磁力小于弹簧反力，常开触头断开，常闭触头闭合。接触器的外形、结构与图形符号如图 2-11 所示；型号与含义如图 2-12所示。

(a) 外形

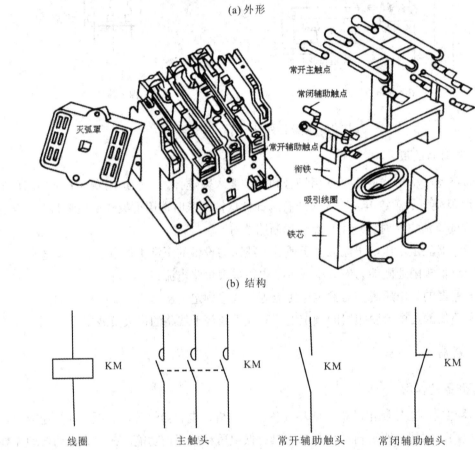

(b) 结构

常开主触点

常闭辅助触点

常开辅助触点

衔铁

吸引线圈

铁芯

灭弧罩

KM

KM

KM

KM

线圈　　　　　　主触头　　　　　　常开辅助触头　　　　　常闭辅助触头

(c) 图形符号

图 2-11　接触器外形、结构、图形符号

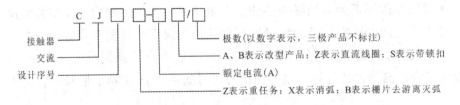

接触器 —— C

交流 —— J

设计序号 ——

极数(以数字表示,三极产品不标注)

A、B表示改型产品;Z表示直流线圈;S表示带锁扣

额定电流(A)

Z表示重任务;X表示消弧;B表示栅片去游离灭弧

图 2-12　型号与含义

3. 接触器的分类

接触器分为交流接触器、直流接触器。常用的交流接触器有 CJ10、CJ12、CJ10X、CJ20、CJX1、CJX2、3TB 和 3TD 等系列。

4. 接触器使用与选择

接触器的使用与选择应根据以下原则进行：

(1) 根据负载性质选择接触器的类型。

(2) 额定电压应大于或等于主电路工作电压。

(3) 额定电流应大于或等于被控电路的额定电流。对于电动机负载，还应根据其运行方式适当增大或减小。

(4) 吸引线圈的额定电压和频率要与所在控制电路的选用电压和频率相一致。

2.3.4　继电器

继电器的主要作用是系统控制、检测、保护，以及进行调节和信号转换等。它是一种自动和远距离操纵的电器，被广泛应用于电力拖动控制系统、遥控系统、遥测系统、电力保护系统以及通信系统。继电器也是现代电气装置中最基本的元器件之一。常见的继电器有热继电器、时间继电器和速度继电器。

1. 热继电器

1) 热继电器的作用

热继电器主要用于电力拖动系统中电动机负载的过载保护。

2) 热继电器的工作原理

当电动机正常运行时，热元件产生的热量虽能使双金属片弯曲，但还不足以使热继电器的触点动作。当电动机过载时，双金属片弯曲位移增大，推动导板使常闭触点断开，从而切断电动机控制电路以起保护作用。热继器动作后一般不能自动复位，要等双金属片冷却后按下复位按钮才能复位。热继电器动作电流的调节可以借助旋转凸轮于不同位置来实现。热继电器的外形、结构与图形符号如图 2-13 所示，热继电器的型号及含义如图 2-14 所示。

(a) 外形

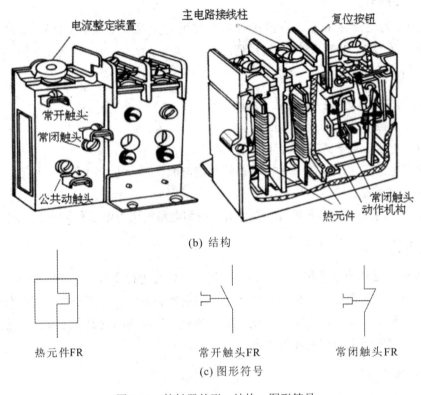

(b) 结构

热元件FR　　　　　　　常开触头FR　　　　　　　常闭触头FR

(c) 图形符号

图 2-13　接触器外形、结构、图形符号

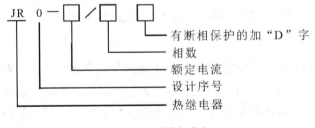

图 2-14　型号与含义

3) 热继电器的分类

热继电器主要分为两极式和三极式,其中三极式又分为带断相保护和不带断相保护。

4) 热继电器的选用

热继电器主要是根据电动机的额定电流来选择。在实际的运用中,热继电器的额定电流可略大于电动机的额定电流。

2. 时间继电器

1) 时间继电器的作用

时间继电器通常可在交流 50 Hz、60 Hz、电压 380 V 和直流 220 V 的控制线路中作为延时元件,按照预定的时间去接通或分断电路。时间继电器(以空气阻尼式时间继电器为例)外形、结构和图形符号如图 2-15 所示。

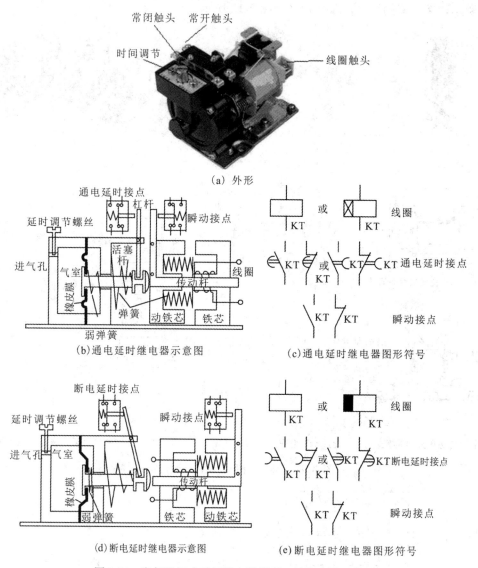

图 2-15　空气阻尼式时间继电器外形、结构和图形符号

2) 时间继电器的分类

时间继电器可分为电磁式时间继电器、空气阻尼式时间继电器、电动式时间继电器、晶体管式时间继电器和数字式时间继电器等。

2.3.5　熔断器

1. 熔断器的作用

熔断器在电路中主要起短路保护作用。熔断器的熔体串接于被保护的电路中，熔断器以其自身产生的热量使熔体熔断，从而自动切断电路，实现短路保护及过载保护。

熔断器具有结构简单、体积小、重量轻、使用维护方便、价格低廉、分断能力较高、限流能力良好等优点，因此在电路中得到广泛应用。熔断器的外形结构与图形符号如图

2-16 所示，熔断器的型号及命名含义如图 2-17 所示。

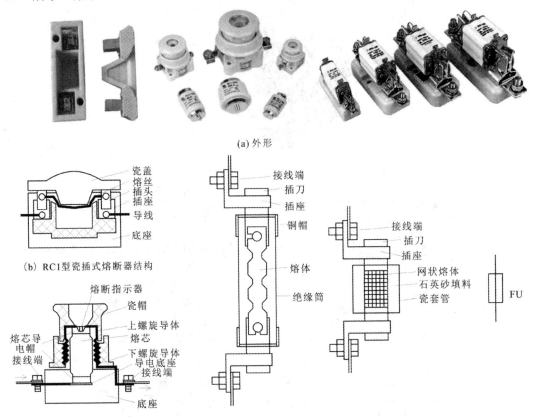

图 2-16 熔断器外形、结构、图形符号

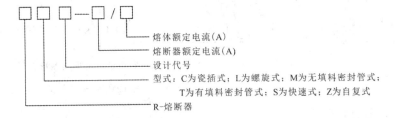

图 2-17 熔断器的型号与含义

2. 熔断器的组成

熔断器由熔体和安装熔体的绝缘底座 (或称熔管) 组成。熔体由易熔金属材料铅、锌、锡、铜、银及其合金制成，形状常为丝状或网状。由铅锡合金和锌等低熔点金属制成的熔体，因不易灭弧，多用于小电流电路；由铜、银等高熔点金属制成的熔体，易于灭弧，多用于大电流电路。

3. 熔断器的分类

熔断器按结构分为开启式、半封闭式和封闭式；按有无填料分为有填料式和无填料式；按用途分为工业用熔断器、保护半导体器件熔断器及自复式熔断器等。

4. 熔断器的选用

熔断器的选用按以下原则进行：

(1) 根据线路要求和安装条件选择熔断器的型号，容量小的线路选择半封闭式或无填料封闭式熔断器，短路电流大的线路选择有填料封闭式熔断器，半导体元件选择快速熔断器。

(2) 根据线路电压选择熔断器的额定电压。

(3) 根据负载特性选择熔断器的额定电流。

(4) 需要多级熔体配合时，熔断器的后一级熔体额定电流要比前一级小；总闸和各分支电流不一样，熔体的选择也不一样。

2.3.6　主令电器

主令电器用于在控制电路中以开关接点的通断形式来发布控制命令，使控制电路执行对应的控制任务。主令电器应用广泛，种类繁多，常见的有控制按钮、行程开关、接近开关、万能转换开关、主令控制器、选择开关和足踏开关等，这里只介绍前两种。

1. 控制按钮

1) 控制按钮的作用

控制按钮俗称按钮或按钮开关。控制按钮用于在电路中发出启动或者停止指令，是一种短时间接通或断开小电流电路的手动控制器，常控制点启动器、接触器、继电器等电器线圈电流的接通或断开。控制按钮的外形、结构与图形符号如图 2-18 所示，型号及含义如图 2-19 所示。

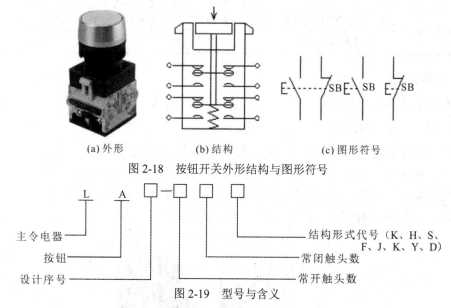

(a) 外形　　　　　(b) 结构　　　　　(c) 图形符号

图 2-18　按钮开关外形结构与图形符号

图 2-19　型号与含义

2) 控制按钮的颜色以及所代表的含义

控制按钮的颜色以及所代表的含义如表 2-6 所示。

3) 控制按钮的分类

控制按钮从外形和操作方式上可以分为平钮和急停按钮，其中急停按钮也叫蘑菇头按钮。另外常见的按钮还有钥匙钮、旋钮、拉式钮、万向操纵杆式、带灯式等多种类型。

4) 控制按钮的选用

控制按钮的选用根据以下原则进行：

(1) 应根据使用场合选择控制按钮的种类，如开启式、防水式、防腐式等。

(2) 应根据用途选用合适的型式，如钥匙式、紧急式、带灯式等。

(3) 应根据控制回路的需要确定不同的按钮数，如单钮、双钮、三钮、多钮等。

(4) 应根据工作状态指示和工作情况的要求选择按钮及指示灯的颜色。

表 2-6　控制按钮颜色含义

颜　色	含　义	举　例
红	处理事故	1. 紧急停机 2. 扑灭燃烧
	"停止"或"断电"	1. 正常停机 2. 停止一台或多台电动机 3. 装置的局部停机 4. 切断一个开关 5. 带有"停止"或"断电"功能的复位
绿	"启动"或"通电"	1. 正常启动 2. 启动一台或多台电动机 3. 装置的局部启动 4. 接通一个开关装置 (投入运行)
黄	参与	1. 防止意外情况 2. 参与抑制反常的状态 3. 避免不需要的变化 (事故)
蓝	上述颜色未包含的任何指定用意	凡红、黄和绿色未包含的用意，皆可用蓝色
黑、灰、白	无特定用意	除单功能的"停止"或"断电"按钮外的任何功能

2. 行程开关

行程开关俗称限位开关，它是一种能实现行程控制的小电流 (5 A 以下) 主令电器。

1) 行程开关的作用

行程开关利用机械运动部件的碰撞使其触头动作，通过触头的开合控制其他电器来控制运动部件的行程，或运动一定行程使其停止，或在一定行程内自动返回或自动循环，从而达到控制部件的行程、运动方向或实现限位保护的功能。行程开关的外形、结构与图形符号如图 2-20 所示，行程开关的型号与含义如图 2-21 所示。

(a) 外形

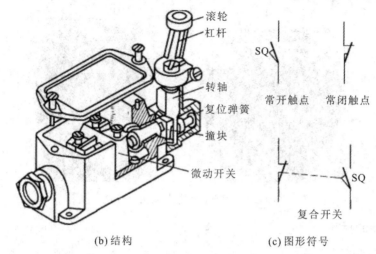

(b) 结构   (c) 图形符号

图 2-20 行程开关外形、结构、图形符号

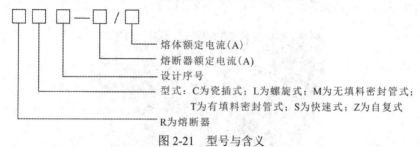

图 2-21 型号与含义

2) 行程开关的分类

行程开关按运动形式可分为直动式、微动式和转动式等；按触点的性质分可为有触点式和无触点式。

3) 行程开关的选用

行程开关的选用根据以下原则进行：

(1) 当生产机械运动速度不是太快时，通常选用一般用途的行程开关；当生产机械行程通过的路径不宜装设直动式行程开关时，应选用凸轮轴转动式的行程开关；当对生产机械工作效率要求很高以及对可靠性及精度要求也很高时，应选用接近开关。

(2) 应根据使用环境条件选择开启式或保护式等防护形式的行程开关。

(3) 应根据控制电路的电压和电流选择行程开关系列。

(4) 应根据生产机械的运动特征选择行程开关的结构形式。

2.4 操 作 指 导

2.4.1 接触器的拆装

1. 接触器的外形结构

CJT1-10 接触器外形结构如图 2-22 所示。

图 2-22　CJT1-10 接触器外形结构

2. 接触器的拆卸

接触器的拆卸过程如下：

(1) 松开线圈外部固定螺丝 (两颗)，如图 2-23 所示。

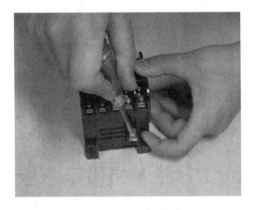

图 2-23　松开外部固定螺丝

(2) 松开底盖螺丝 (两颗)，如图 2-24 所示。

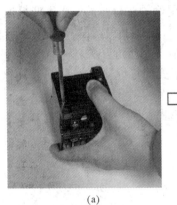

(a)　　　　　　　　　　　　　　　　　　　　(b)

图 2-24　松开底盖螺丝

由于内部有反作用力弹簧，所以在松开螺丝时要用手指适当用力按住接触器底盖，防止松开螺丝时内部元件弹出。

（3）取出铁芯、弹簧夹片和反作用力弹簧，如图 2-25 所示。

　　(a) 取出铁芯　　　　　　　(b) 取出弹簧夹片　　　　　　(c) 取出反作用力弹簧

图 2-25　取出铁芯、弹簧夹片和反作用力弹簧

（4）取出线圈，如图 2-26 所示。

图 2-26　取出线圈

3. 接触器的安装

接触器的安装过程与拆卸过程相反。

4. 接触器的检测

接触器的检测是指对线圈、主触头以及辅助触头进行检测。如图 2-27 所示是对接触器线圈进行检测，用 MF-47F 型万用表 R×10 Ω 挡测量线圈两端的阻值，该型号接触器的线圈阻值约为 500 Ω。如果所测线圈阻值为零，则说明线圈内部短路；如果所测阻值为无穷大（ ∞ ），则说明线圈内部开路。

图 2-27　接触器线圈的检测

主触头的检测方法如图 2-28 所示，用 MF-47F 型万用表 R×1k 或 10k 挡测量，正常情况下所测的线圈阻值应该为无穷大 (∞)。

辅助常闭触头的检测方法如图 2-29 所示，用 MF-47F 型万用表 R×1 挡测量，正常情况下所测的线圈阻值应该接近于零。辅助常开触头的检测方法与主触头的检测方法相同。

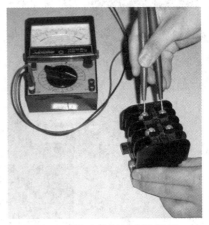

图 2-28　主触头的检测　　　　　　　图 2-29　辅助常闭触头的检测

2.4.2　行程开关的拆装

1. 行程开关的外形

JLXK1-211 型行程开关的外形如图 2-30 所示。

图 2-30　JLXK1-211 型行程开关外形

2. 行程开关的拆卸

行程开关的拆卸过程如下：

(1) 打开外壳盖子，如图 2-31 所示。

(2) 卸下触点系统，如图 2-32 所示。

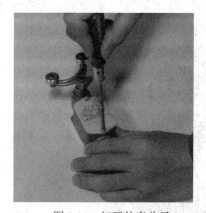

图 2-31 打开外壳盖子

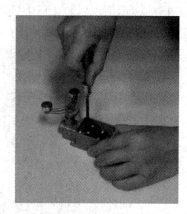

图 2-32 卸下触点系统

(3) 打开触头系统的外壳盖,如图 2-33 所示。

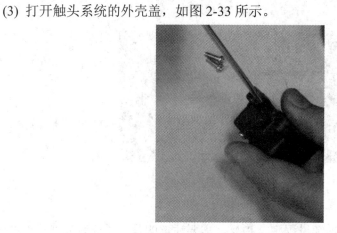

图 2-33 打开触头系统的外壳盖

(4) 打开触头系统。触头系统内部结构如图 2-34 所示。

内部动作连杆

压力铁片

常闭触点端子

反作用力弹簧

常开触点端子

图 2-34 触头系统内部结构

在打开触头系统的外壳盖时,由于内部有反作用力弹簧,所以要掌握好力度,不要把内部动作连杆端拨走位，以防止压力铁片弹出。

(5) 拆卸外部连杆，如图 2-35 所示。外部连杆结构如图 2-36 所示。

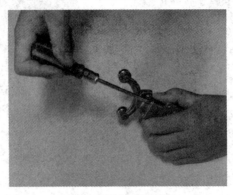

图 2-35　拆卸外部连杆

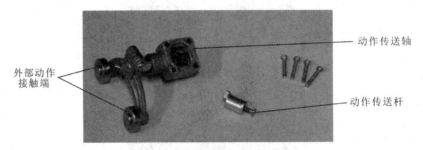

图 2-36　外部连杆结构

3. 行程开关的安装

行程开关的安装过程与拆卸过程完全相反。需要注意的是：在安装外部连杆的时候，要注意动作传送杆与动作传送轴和内部连杆的位置。

4. 行程开关的检测

行程开关的检测主要是指对常开触点与常闭触点进行检测，如图 2-37 所示。

图 2-37　触点的检测

在对常开或常闭触点进行检测时，其外部连杆的方向不能变动。常开触点检测方法与接触器的主触头的检测方法相同；常闭触点检测方法则与接触器的辅助常闭触头的检测方法相同。

2.4.3　时间继电器的拆装

1. 时间继电器的外形

JS7-1A 型时间继电器的外形如图 2-38 所示。

图 2-38　JS7-1A 型时间继电器的外形

2. 拆卸过程

(1) 拆卸线圈，如图 2-39 所示。

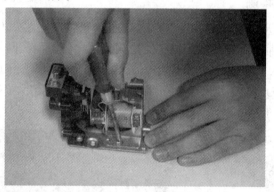

图 2-39　拆卸线圈

(2) 拆卸线圈支架，如图 2-40 所示。

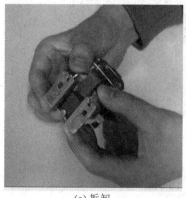
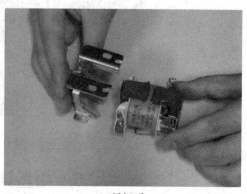

(a) 拆卸　　　　　　　　　　　　　(b) 拆卸后

图 2-40　拆卸线圈支架

拆卸线圈支架时，要用两拇指用力按住支架钩，往外按的同时，稍微向下用力方可取出。

(3) 拆卸定时系统，如图 2-41 所示。

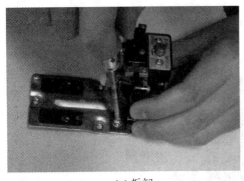 

(a) 拆卸   (b) 拆卸后

图 2-41 拆卸定时系统

3. 时间继电器的安装

时间继电器的安装过程与拆卸过程刚好相反。

4. 时间继电器的检测

时间继电器有常开、常闭触头各一组，还有一组线圈触头。其常开、常闭触头的检测方法与交流接触器辅助常开及常闭触头的检测方法一样；而线圈触头的检测方法则是要用 MF-47F 型万用表 R×10 或 R×100 Ω 挡测量其线圈两端的阻值（该型号的线圈阻值约为 1.2 kΩ）。如所测阻值为零，则线圈内部短路；如所测阻值为无穷大（∞），则线圈内部开路。时间继电器的检测如图 2-42 所示。

图 2-42 时间继电器的检测

2.5 质量评价标准

本项目的质量考核要求及评分标准如表 2-7 所示。

表2-7　项目质量考核要求及评分标准

考核项目	考核要求	配分	评 分 标 准	扣分	得分	备注
交流接触器	基础知识	10	1.指出交流接触器各部件的名称，2分/处 2.写出交流接触器的命名方式，1分/项 3.写出交流接触器型号的文字描述、图形符号，3分/项			
	检测与维修	20	1.对交流接触器各触点进行检测，2分/项 2.对检测数据不正常原因进行分析，5分/故障 3.对常见故障进行排除，5分/处			
行程开关	基础知识	10	1.指出行程开关各部件的名称，2分/处 2.写出行程开关的命名方式，1分/项			
	检测与维修	20	1.对行程开关各触点进行检测，2分/项 2.对检测数据不正常原因进行分析，5分/故障 3.对常见故障进行排除，5分/处			
时间继电器	基础知识	10	1.指出时间继电器各部件的名称，2分/处 2.写出时间继电器的命名方式，1分/项			
	检测与维修	20	1.对时间继电器各触点进行检测，2分/项 2.对检测数据不正常的原因进行分析，5分/故障 3.对常见故障进行排除，5分/处			
安全生产	自觉遵守安全文明生产规程	10	1.每违反一项规定，扣3分 2.发生安全事故，按0分处理			
时间	1.5小时		1.提前正确完成，每5分钟加2分 2.超过定额时间，每5分钟扣2分			

2.6　知 识 进 阶

2.6.1　三相异步电动机的基础知识

电动机是利用电磁感应原理将电能转换为机械能并输出机械转矩的电气设备。为了保证电动机安全、可靠地运行，电动机必须定期进行维护与检修。维修电动机不仅要掌握电动机的维护知识，使其经常处于良好的运行状态，而且还要掌握其异常状态的判断、故障原因的鉴别以及正确迅速地进行修复的技能。电动机按照结构分，可分为三相笼型异步电动机和三相绕线转子异步电动机。最常用的就是三相笼型异步电动机。

1. 三相异步电动机的基本结构

三相异步电动机的结构如图2-43所示。

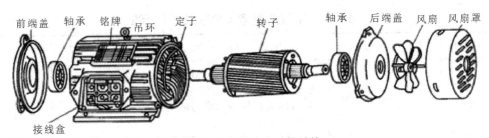

图 2-43　三相异步电动机结构

三相异步电动机的主要结构部件及作用如下：

(1) 定子部分：包括定子铁芯、定子绕组和机座，其作用是通入三相交流电后产生旋转磁场。

(2) 转子部分：包括转子铁芯、转子绕组和转动轴，其作用是产生感应电动势与感应电流，形成电磁转矩。

2. 三相异步电动机定子绕组的接线方式

三相异步电动机的定子绕组为电动机的电路部分，它是由若干线圈组成的三相绕组，在定子圆周上均匀分布，按一定的空间角度嵌放在定子铁芯槽内。每相绕组有两个引出线端，一个为首端，另一个为尾端。三相绕组共有 6 个引出端，分别引到机座接线盒内的接线柱上。根据供电电压的不同，通过改变接线柱间连接片的连接关系，三相定子绕组可以接成星形 (Y)，也可以接成三角形 (△)，如图 2-44 所示。

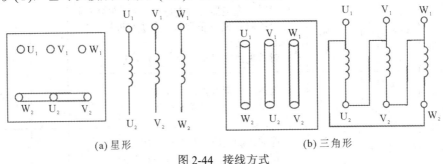

(a) 星形　　　　　　　　　　　　(b) 三角形

图 2-44　接线方式

3. 三相异步电动机的工作原理

电动机有三相对称定子绕组，接通三相对称交流电源后，绕组中流有三相对称电流，在气隙中产生一个旋转磁场，转速为 n_0(称为同步转速)，其大小取决于电动机的电源频率 f 和电动机的极对数 p，即 $n_0 = 60f/p$。此旋转磁场切割转子导体，在其中感应出电动势和感应电流，其方向可用右手定则确定。此感应电流与磁场作用产生转矩 (转矩的方向可用左手定则确定)，于是电动机便顺着旋转磁场方向旋转，但转子速度 n 必须小于 n_0，否则转子中无感应电流，也就无转矩。转子转速 n 略低于且接近于同步转速 n_0，这是异步电动机 "异步" 的由来。通常用转差率 (S) 表示转子转速 n 与同步转速 n_0 相差的程度，即 $S = (n_0 - n)/n_0$。一般在额定负载时三相异步电动机的转差率在 1% ～ 9% 之间。

4. 三相异步电动机的铭牌

每台异步电动机的机座上都装有一块铭牌，它表明了电动机的类型、主要性能、技术指标和使用条件，为用户使用和维修提供了重要依据。三相异步电动机的铭牌如表 2-8 所示。

表 2-8　三相异步电动机铭牌

三相异步电动机			
型号 Y-112M-4		编号	
4.0 kW		8.8A	
380 V	1440 r/min	LW82dB	
接法△	防护等级 IP44	50 Hz	45 kg
标准编号	工作制 S1	B 级绝缘	年　月
ＸＸ电机厂			

(1) 型号与含义。型号为 Y-112M-4 的三相异步电动机的型号含义如图 2-45 所示。型号标在电动机铭牌上。

图 2-45　型号含义

(2) 额定功率。额定功率是指电动机按铭牌所给条件运行时，轴端所能输出的机械功率，单位为千瓦 (kW)。

(3) 额定电压。额定电压是指电动机在额定运行状态下加在定子绕组上的线电压，单位为伏特 (V)。

(4) 额定电流。额定电流是指电动机在额定电压和额定频率下运行，输出功率达额定值时，电网注入定子绕组的线电流，单位为安培 (A)。

(5) 额定频率。额定频率是指电动机所用电源的频率。

(6) 额定转速。额定转速是指电动机转子输出额定功率时每分钟的转数。通常额定转速比同步转速 (旋转磁场转速) 低 2%～ 6%。同步转速、电源频率和电动机磁极对数的关系为

$$同步转速 = \frac{60 \times 频率}{磁极对数}$$

对于二极电动机 (一对磁极)，则为

$$同步转速 = \frac{60 \times 50}{1} = 3000(r/min)$$

对于四极电动机 (两对磁极)，则为

$$同步转速 = \frac{60 \times 50}{2} = 1500(r/min)$$

其他极数的电动机的同步转速可根据上述关系依次类推。

(7) 连接方法。接法是指电动机三相绕组 6 个线端的连接方法。将三相绕组首端 U_1、V_1、W_1 接电源，尾端 U_2、V_2、W_2 连接在一起，叫星形 (Y) 连接。将 U_1 接 W_2、V_1 接 U_2、

W_1 接 V_2，再将这三个交点接在三相电源上，叫三角形 (△) 连接。

(8) 定额。电动机定额分连续、短时和断续 3 种。连续是指电动机连续不断地输出额定功率而温升不超过铭牌允许值。短时是指电动机不能连续使用，只能在规定的较短时间内输出额定功率。断续是指电动机只能短时输出额定功率，但可以断续重复启动和运行。

(9) 温升。电动机在运行过程中，部分电能会转换成热能，使电动机温度升高，经过一定时间后，电能转换的热能与机身散发的热能平衡，机身温度达到稳定。在稳定状态下，电动机温度与环境温度之差，叫电动机温升。如果环境温度规定为 40℃，温升为 60℃，表明电动机温度不能超过 100℃。

(10) 绝缘等级。绝缘等级是指电动机绕组所用绝缘材料按它的允许耐热程度规定的等级。这些级别为：A 级，105℃；E 级，120℃；F 级，155℃。

(11) 功率因数。功率因素是指电动机从电网所吸收的有功功率与视在功率的比值。视在功率一定时，功率因数越高，有功功率越大，电动机对电能的利用率也越高。

5. 三相异步电动机的测量

当三相异步电动机的三相定子绕组重绕以后或将三相定子绕组的连接片拆开以后，定子绕组的 6 个出线头往往不易分清，因此必须首先正确判定三相绕组的 6 个出线头的首末端，这样才能将电动机正确接线并投入运行。

对于装配好的三相异步电动机定子绕组，可用 36 V 交流电源法和剩磁感应法判别出定子绕组的首尾端。

1) 用 36V 交流电源法判别绕组首位端

具体步骤如下：

(1) 用万用表欧姆挡 (R×10 或 R×1) 分别找出电动机三相绕组的两个线头并做好标记。

(2) 先对三相绕组的 6 个线头做假设编号 U_1、U_2、V_1、V_2、W_1、W_2，并把 V_1、U_2 按如图 2-46 所示连接起来，构成两相绕组串联。

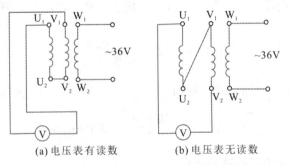

(a) 电压表有读数　　　　　(b) 电压表无读数

图 2-46　36 V 交流电源法连接图

(3) 将 U_1、V_2 线头连接万用表交流电压挡。

(4) 将 W_1、W_2 线头连接 36 V 交流电源。如果万用表上有读数，说明线头 U_1 与 U_2 和 V_1 与 V_2 的编号正确。如果万用表无读数，则把 U_1 与 U_2 或 V_1 与 V_2 中任意两个线头的编号对调一下即可。

(5) 再按上述方法对 W_1、W_2 两个线头进行判别。

2) 用剩磁感应法判别绕组首尾端

具体步骤如下：

(1) 用万用表欧姆挡分别找出电动机三相绕组的两个线头，做好标记。

(2) 先对三相绕组的 6 个线头做假设编号 U_1、U_2，V_1、V_2，W_1、W_2。

(3) 按图 2-47 所示接线，用手转动电动机转子。由于电动机定子及转子铁芯中通常均有少量的剩磁，当磁场变化时，在三相定子绕组中将有微弱的感应电动势产生。此时若并连在绕组两段的微安表 (或万用表微安挡) 指针不动，则说明假设的编号是正确的；若指针有偏转，则说明其中有一相绕组的首尾端假设标号不对，应逐一相对调后重新测试，直至正确为止。

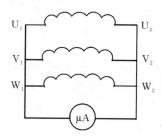

图 2-47　剩磁感应法连接图

2.6.2　讨论

小组成员之间、小组与小组之间相互讨论在安装电路过程中的一些心得体会，并总结出一些安装技巧、经验和方法。

练　习　题

1. 列举自己日常生活中所看到的低压电器有哪些？
2. 说明低压电气与低压电器的区别。
3. 接触器与继电器有何不同？常用的有哪几种继电器？
4. 触点系统有哪几种形式？常见的故障有哪些？如何修理？
5. 常用的熔断器有哪几类？如何选择熔断器的熔断电流？
6. 三相异步电动机首尾端的判别步骤是什么？

三相异步电动机点动与连续运行控制

▶技能目标

1. 能够对具有过载保护点动、连续运行控制电路装调。
2. 能够对电路中常见故障进行分析、排除。

▶知识目标

1. 掌握三相异步电动机点动、连续运动的单向运行控制线路。
2. 掌握电气原理图绘制原则与方法。
3. 掌握常用低压器件的检测、维修方法。

▶课程思政与素质

1. 通过学习电气安装实施规范，引导学生遵守各项规章制度和国家法律法规，做一个守法的好公民。
2. 通过故障现象分析及故障点查找，培养学生分析问题及解决问题的能力。
3. 通过三相异步电动机点动与连续运行控制线路的装调练习，使学生养成一丝不苟的好习惯。

3.1 项目任务

本项目为三相异步电动机点动与连续运行控制，项目主要内容如表 3-1 所述。

表 3-1　项目三的主要内容

项目内容	1. 掌握三相异步电动机几种基本的单向运行控制线路 2. 掌握电气原理图绘制原则与方法 3. 能够对具有过载保护点动、连续运行控制电路进行装调 4. 能够对电路中常见故障进行分析、排除
重点难点	1. 电气原理图的设计 2. 元器件布局与线路布局设计 3. 电路故障分析与排除

续表

参考的相关文件	1. GB/T 13869—2017《用电安全导则》 2. GB 19517—2009《国家电气设备安全技术规范》 3. GB/T 25295—2010《电气设备安全设计导则》 4. GB 50150—2016《电气装置安装工程　电气设备交接试验标准》 5. GB 7159—87《电气技术中的文字符号制订通则》 6. GB/T 6988.1—2008《电气技术用文件的编制　第1部分：规则》
操作原则 与注意事项	1. 一般原则：方案的设计必须遵循低压线路安装工艺原则，线路图设计必须合理 2. 安装过程：在安装过程中，必须遵循 6S 标准，组装电路必须具备安全性高、可靠性强的特点 3. 调试过程：首先必须对线路进行相关检查，然后经指导老师检查、同意后，方可通电试车 4. 故障分析：在对常见故障进行分析和排除时应科学分析、仔细检查；在自我确实无法排除故障时，方可请教指导老师

▶ **项目导读**

　　三相异步电动机的点动与连续运行控制是电动机控制系统中最为基本的控制环节，具有使用范围广、价值高、价格低、安装方便等特点，例如机床的对刀、小型钻砂轮机等。如图 3-1 所示为小型台钻。

图 3-1　小型台钻

3.1.1　电气原理图绘制任务书

电气原理图绘制任务书如表 3-2 所述。

表 3-2　电气原理图绘制任务书

学院	_____	低压电器装调指导书	文件编号	
工序号：		工序名称：绘制原理图	版次	

	作业内容
1	按照控制要求绘制原理图（主电路图和控制电路图）
2	按照线路板的大小绘制元件布线图
3	在每个元件符号旁标注文字符号
4	所有按钮、触点均按没有外力作用和没有通电时的原始状态画出
5	在采用软件绘制图纸时，可以选用一些软件绘制

使用工具
十字螺丝刀、万用表、刀片、镊子、毛刷子

	工艺要求（注意事项）
1	各电气元件的图形符号和文字符号必须与电气原理图一致，并符合国家标准
2	原理图中，各电气元件和部件在控制线路中的位置，应根据便于阅读的原则安排；同一电气元件的各个部件可以不画在一起
3	电气元件的布置应整齐、美观，对称；外形尺寸与结构类似的电气元件安装在一起，以利于安装和配线
4	熟悉 GB/T 6988.1—2008《电气技术用文件的编制　第 1 分部：规则》
5	熟悉 GB 7159—87《电气技术中的文字符号制定通则》

批准	
生产日期	

1. 主电路和控制电路图

2. 元件布线图

更改标记		编制	
更改人签名		审核	

3.1.2 列出元件清单并检测相关器件任务书

列出元件清单并检测相关器件任务书如表3-3所述。

表3-3 列出元件清单并检测相关器件任务书

学院		工序名称：低压电器装调指导书	文件编号	
工序号：			版	次

元件清单列表

序号	名称	型号与规格	单位	数量
1	电工常用工具	万用表、尖嘴钳、剥线钳	套	1
2	万用表	FM-47F	台	1
3	兆欧表	ZC25-4	台	1
4	三相异步电动机	D10 10 W 220V	台	1
5	交流接触器	CJT0-10	个	1
6	热继电器	J36-20	个	1
7	按钮开关	LA4-3H	只	1
8	端子排	—	节	若干
9	导线	2.5 mm² (1.5 mm²)	m	若干

作 业 内 容

序号	内容
1	根据原理图列出元件清单明细表
2	根据控制的需要选择元件具体型号
3	用相关仪表对所用器件好坏进行检测
4	检查电动机使用的电源电压和绕组的接法是否与铭牌上规定相一致
5	根据原理图合理选择控制电路和主电路连接线线径的大小

使用工具：万用表、尖嘴钳、剥线钳、一字螺丝刀、十字螺丝刀、试电笔、镊子、电工刀

工艺要求（注意事项）

序号	内容
1	测量 KM 主触头和辅助常开触头时，用 R×1 挡，其阻值接近于零则正常；测量 KM 常闭触头时，用 R×1k 或者 R×10k 挡，其阻值为∞则正常；测量 KM 线圈时，用 R×10 或者 R×100 挡位，所测阻值应该任 500Ω 左右则正常
2	测量 FR 热元件时，用 R×1 挡位对热元件和常闭触头进行测量，对常开触头采用 R×1k 或者 R×10k 挡，其阻值接近于零正常，对常开触头，要对相间绝缘电阻、对地绝缘电阻、三相绕组通路和定子绕组直流电阻进行测量为∞，则正常
3	对三相异步电动机好坏进行测量时，用 R×1 挡，其阻值接近于零正常
4	按钮开关常开端使用 R×1 挡，其阻值接近于零则正常；常闭端用 R×1k 或者 R×10k 挡测量，其阻值为∞则正常

1. 接触器的检测　　2. 热继电器的检测　　3. 按钮开关的检测

更改标记		编制		
更改人签名		批准		生产日期

3.1.3 元件的固定及线路的安装任务书

元件的固定及线路的安装任务书如表 3-4 所述。

表 3-4　元件的固定及线路的安装任务书

学院 _____	低压电器装调指导书	文件编号	
工序号: _____	工序名称: 元件的固定及线路的安装	版　次	

序号	作业内容
1	按照元件布置图固定相关元件，固定元件时，每个元件要摆放整齐，上下左右要对正，间距要均匀
2	根据原理图合理布线，接线时必须先接负载后接电源，先接地线后接三相电源相线
3	连接线路时，严格按照安装工艺的要求组装
4	每根连接线要按照线号方向穿牙线号管，当出现故障时，便于检测、排除
5	在开关接线端，弹簧垫一定要加上；有多根线接出时，掌握好力度

使用工具

万用表、尖嘴钳、剥线钳、十字螺丝刀、试电笔、镊子、电工刀

工艺要求（注意事项）

1	通电试车前，必须把在组装电路时产生的断线、线头及相关工具清理掉，然后由指导老师接通三相电源 L_1、L_2、L_3，并且要在现场监护
2	当按下点动按钮开关时，观察接触器动作情况是否正常，电气元件的动作、电元件运行情况是否正常；合线路功能要求，电动机运行是否灵活，有无卡阻及噪声过大等现象，电动机运行情况是否正常等
3	通电试车完毕，停转后切断电源；先拆除三相电源线，再拆除电动机

1. 器件的摆放　2. 接触器的固定　3. 热继电器的固定

4. 端子排的固定　5. 拨线　6. 整形

编制		审核	
批准		生产日期	
更改标记			
更改人签名			

3.2 项目准备

3.2.1 任务流程图

三相异步电动机点动与连续运行控制线路的装调流程图如图 3-2 所示。

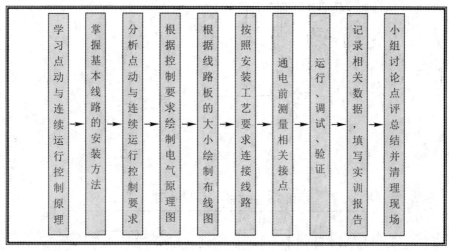

图 3-2 任务流程图

3.2.2 环境设备

三相异步电动机点动与连续运行控制线路所需工具和设备如表 3-5 所示。

表 3-5 工具、设备清单

序号	分类	名称	型号规格	数量	单位	备注
1	工具	常用电工工具	—	1	套	—
2		万用表	MF-47F	1	台	—
3	元器件	交流接触器	CJ20-10	1	个	—
4		热继电器	JR20-10L	1	个	—
5		三相电源插头	16A	1	个	—
6		三相异步电动机	Y 系列 80-4	1	台	—
7		按钮开关	LA4-3H	1	组	—

3.3 背景知识

3.3.1 点动控制线路的工作原理

如图 3-3 所示为点动控制线路的主电路及控制电路图。当按下点动按钮 SB 开关时，接触器线圈 KM 通电，同时接触器 KM 主触头闭合，三相异步电动机开始转动；当松开

SB 开关时，接触器线圈 KM 失电，同时接触器 KM 主触头断开，三相异步电动机停止转动。如图 3-4 与图 3-5 所示是点动控制线路的主电路及控制电路图所对应的元件布置图与电路接线图。

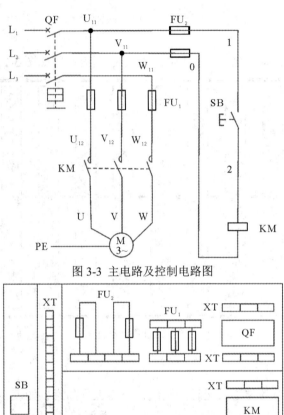

图 3-3　主电路及控制电路图

图 3-4　元件布置图

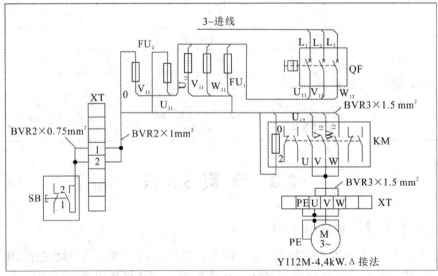

图 3-5　电路接线图

点动控制线路与手动控制线路的区别是点动控制线路中控制电路与主电路不为同一回路，且控制元件为按钮开关 SB 和交流接触器 KM，便于实现远距离及自动控制。

3.3.2　连续运行控制线路的工作原理

如图 3-6 是连续运行控制线路的主电路与控制电路图，其实际上就是利用接触器自锁功能而实现的。该电路与点动控制线路的区别就是当松开控制按钮 SB 开关时，电动机控制电路仍然处于接通状态，电动机实现连续运行状态。如图 3-7 与图 3-8 所示是连续运行控制线路的主电路与控制电路图对应的元件布置图与电路接线图。

具体控制过程如下：

启动：按下 SB_1 → KM 线圈得电 —┌► KM 自锁触头闭合
└► KM 主触头闭合 ┐► 电动机 M 连续运转

停止：按下 SB_1 → KM 线圈得电 —┌► KM 自锁触头断开
└► KM 主触头断开 ┐► 电动机 M 停止运转

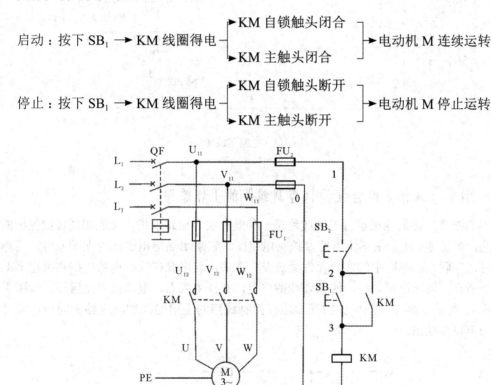

图 3-6　连续运行主电路与控制电路图

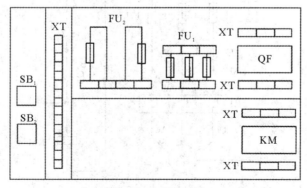

图 3-7　元件布置图

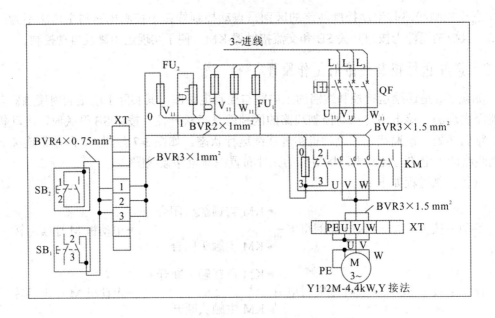

图 3-8　电路接线图

3.3.3　具有过载保护的连续运行控制线路的工作原理

具有过载保护的连续运行控制线路是一种既能实现短路保护，又能实现过载保护的控制线路，如图 3-9 所示是其主电路及控制电路图。它采用热继电器作为保护元件，当电路过载时，串联在主电路中的发热元件受热发生弯曲，使串联在控制电路中的热继电器的动断触点断开，切断控制电路，使 KM 线圈失电，断开主触点，电动机停止运行。如图 3-10 与图 3-11 所示是具有过载保护的连续运行控制线路的主电路及控制电路图对应的元件布置图与电路接线图。

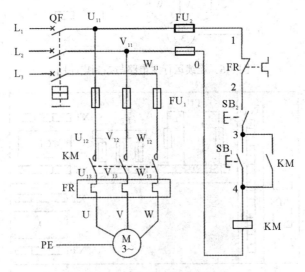

图 3-9　主电路及控制电路图

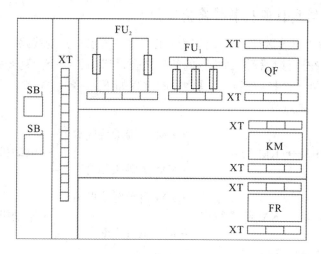

图 3-10　元件布线图

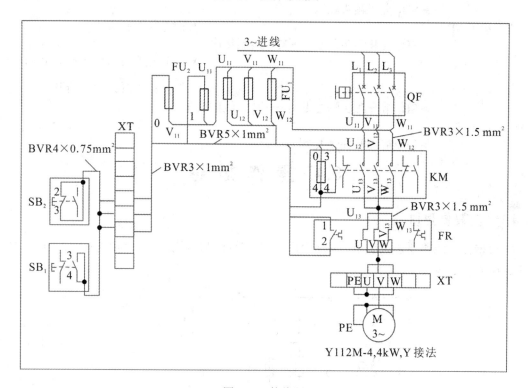

图 3-11　接线图

　　具有过载保护的连续运行控制线路的工作原理与连续运行控制线路的工作原理基本相同，不同之处在于前者增加了保护元件热继电器 FR。这是因为电动机在运行过程中，如果长期负载过大、频繁启动或者缺相运行都可能使电动机定子绕组的电流增大，超过其额定值，而在这种情况下熔断器往往不熔断，从而引起定子绕组过热，使温度超过允许值，就会造成绝缘损坏从而导致电动机寿命缩短，严重时会烧毁电动机的定子绕组。因此在电动机控制电路中，必须采用过载保护措施。

3.3.4　点动与连续运行的控制线路的实现

同时具有点动和连续运行的控制线路的工作原理与点动控制线路、连续控制线路的工作原理相似，只是在连续运行控制线路的基础之上，增加了一个手动开关，就将点动和连续运行控制线路合为一个控制线路。具体控制过程如下：

(1) 连续运行控制过程：

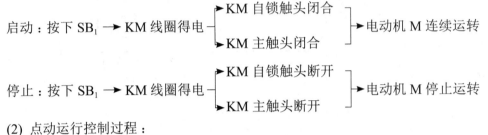

(2) 点动运行控制过程：

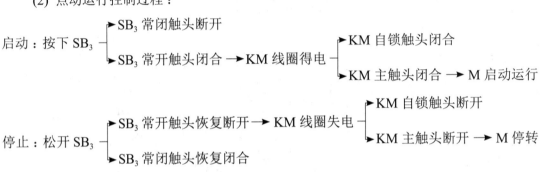

3.4　操　作　指　导

3.4.1　绘制原理图

根据控制线路要求绘制电气原理图、元件布置图和接线图，分别如图 3-12、图 3-13、图 3-14 所示。

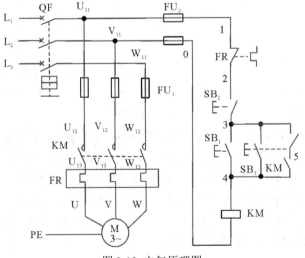

图 3-12　电气原理图

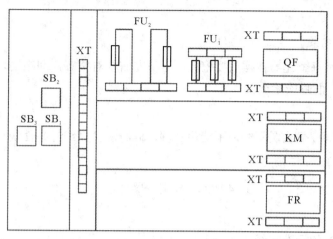

图 3-13 元件布置图

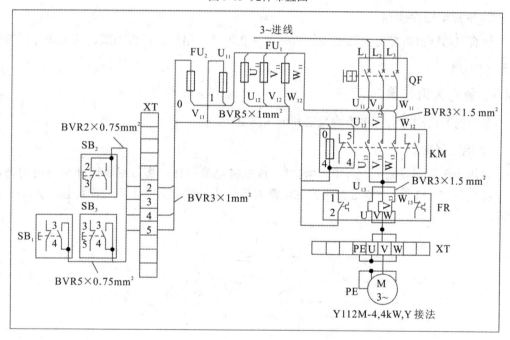

图 3-14 接线图

3.4.2 安装电路

1. 检查元器件

根据表 3-5 配齐元器件,并检查元器件的规格是否符合要求以及检测元件的质量是否完好。在本项目中需要检测的元器件有热继电器、交流接触器、电动机等。

2. 元器件布局、安装与配线

1) 元器件的布局

元器件布局时要参照接线图进行,若与书中所提示的元器件不同,应该按照实际情况布局。

2) 元器件的安装

元器件安装时每个元器件摆放要整齐，上下左右要对整齐，间距要均匀。拧螺丝钉时一定要加弹簧垫，而且松紧适度。

3) 配线

配线时要严格按配线图配线，不能丢、漏，同时要穿好线号并使线号方向一致。

3. 固定元器件

按照绘制的接线图 (如图 3-14 所示) 固定元器件。

4. 布线

按照安装工艺的标准布线。

5. 检查电路连接

检查电路连接时应对照接线图检查是否存在掉线、错线，是否编漏、编错线号，接线是否牢固等。

3.4.3　通电前的检测

通电前的检测方法有电阻测量法和电压测量法。

1. 电阻测量法

采用电阻测量法进行通电前检测时，首先将电源断开，将万用表选择至合适的挡位 (一般为 R×100 Ω 挡)，然后按照控制电路输出的线号顺序对各个点依次测量，如图 3-15 所示。

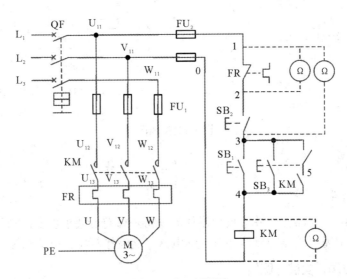

图 3-15　电阻测量法

2. 电压测量法

采用电压测量法进行通电前检测时，首先接通电源，将万用表选择至合适的挡位 (交流电压 500 V），然后把黑表笔接到 0 点的位置，用红表笔依次接到 1、2、3 点上，如果测得电压值都正常，则把两表笔接到 1 点和 4 点上测出两点间的电压，如图 3-16 所示。

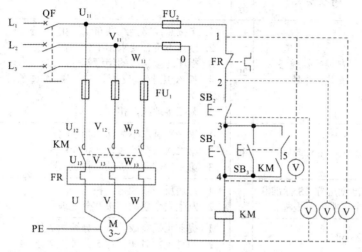

图 3-16　电压测量法

3.4.4　通电试车

为保证人身安全，在通电试车时，要认真执行安全操作规程的有关规定，一人监护，一人操作。试车前，应检查与通电试车有关的电气设备是否有不安全的因素存在，若查出问题应该立即整改，然后方能试车。

(1) 通电试车前，由指导老师接通三相电源 L_1、L_2、L_3，并且要在现场监护。

(2) 当按下点动按钮开关时，观察接触器动作情况是否正常，线路功能是否符合要求，元器件的动作是否灵活，有无卡阻及噪声过大等现象，电动机运行情况是否正常等。

(3) 通电试车完毕，停转后切断电源。先拆除三相电源线，再拆除电动机。

(4) 如有故障，应该立即切断电源，要求学生独立分析原因并检查电路，直至达到项目拟定的要求。若需要带电检查时，必须在老师现场监护下进行。

3.5　质量评价标准

本项目的质量考核要求及评分标准如表 3-6 所示。

表 3-6　质量评价表

考核项目	考核要求	配分	评 分 标 准	扣分	得分	备注
元件的检查	对电路中所使用的元件进行检测	10	元件错检、漏检，扣 1 分 / 个			
元件的安装	1. 会安装元件 2. 按照接线图能完整、正确及规范地接线 3. 按照要求编号	30	1. 元件松动，扣 2 分 / 处；有损坏，扣 4 分 / 处 2. 错、漏线，每处扣 2 分 / 根 3. 元件安装不整齐、不合理，扣 3 分 / 个			

考核项目	考核要求	配分	评分标准	扣分	得分	备注
线路的连接	1. 安装控制线路 2. 安装主电路	20	1. 未按照线路接线图布线，扣 15 分 2. 接点不符合要求扣 1 分 / 个 3. 损坏连接导线的绝缘部分，扣 5 分 / 个 4. 接线压胶、反圈、芯线裸露过长，扣 1 分 / 处 5. 漏接接地线，扣 5 分 / 处			
通电试车	调试、运行线路。	40	1. 第一次试车不成功，扣 25 分 2. 第二次试车不成功，扣 30 分 3. 第三次试车不成功，扣 35 分			
安全生产	自觉遵守 6S 标准和安全文明生产规程	10	1. 每违反一项规定，扣 3 分 2. 发生安全事故，按 0 分处理			
时间	2 小时	—	1. 提前正确完成，每 5 分钟加 2 分 2. 超过定额时间，每 5 分钟扣 2 分			

3.6　知 识 进 阶

3.6.1　电气线路图的绘制方法与识图技巧

电气控制线路是一种由导线将电动机、电器、仪表等电气元件按照一定的要求及规则和方法连接起来以实现某种功能的电气线路。在进行电气控制线路的设计时，为了表达电气控制系统的结构、原理，便于进行电气元件的安装、调整、控制和维修，应本着简明易懂的原则，使用统一规定的电气图形符号和文字符号绘制电气控制线路图。

电气系统控制线路图有电气原理图、电气元件布置图和电气接线图 3 种。

1. 常用电气图形符号、文字符号

电气控制线路图是电气工程技术的通用语言。为了便于交流和沟通，国家标准局参照国际电工委员会 (IEC) 颁布的有关文件，制定了我国电气设备的有关标准，采用统一的图形符号和文字符号及回路标号。本书电气控制线路图的绘制符号符合 GB/T 4728.1—2018《电气简图用图形符号　第 1 部分：一般要求》、GB/T 6988.1—2008《电气技术用文件的编制　第 1 部分：规则》和 GB/T 50786—2012《建筑电气制图标准》的规定。常用电气图形符号、文字符号如表 3-7 所示。

表 3-7　常用电气图形符号、文字符号表

类别	名称	图形符号	文字符号	类别	名称	图形符号	文字符号
开关	单极控制开关	⌐ 或 ⌐	SA	位置开关	常开触头	⌐	SQ
	手动开关一般符号	⊢⊣⊢	SA		常闭触头	⌐	SQ

类别	名称	图形符号	文字符号	类别	名称	图形符号	文字符号
开关	三极控制开关		QS	位置开关	复合触头		SQ
	三极隔离开关		QS	按钮	常开按钮		SB
	三极负荷开关		QS		常闭按钮		SB
	组合旋钮开关		QS		复合按钮		SB
	低压断路器		QF		急停按钮		SB
	控制器或操作开关		SA		钥匙操作式按钮		SB
接触器	线圈操作器件		KM	热继电器	热元件		FR
	常开主触头		KM		常闭触头		FR
	常开辅助触头		KM	中间继电器	线圈		KA
	常闭辅助触头		KM		常开触头		KA
时间继电器	通电延时（缓吸）线圈		KT		常闭触头		KA
	断电延时（缓放）线圈		KT	电流继电器	过电流线圈	$I>$	KA
	瞬时闭合的常开触头		KT		欠电流线圈	$I<$	KA
	瞬时断开的常闭触头		KT		常开触头		KA
	延时闭合的常开触头	或	KT		常闭触头		KA

类别	名称	图形符号	文字符号	类别	名称	图形符号	文字符号
时间继电器	延时断开的常闭触头		KT	电压继电器	过电压线圈		KV
	延时闭合的常闭触头		KT		欠电压线圈		KV
	延时断开的常开触头		KT		常开触头		KV
电磁操作器	电磁铁的一般符号		YA		常闭触头		KV
	电磁吸盘		YH	电动机	三相笼型异步电动机		M
	电磁离合器		YC		三相绕线转子异步电动机		M
	电磁制动器		YB		他励直流电动机		M
	电磁阀		YV		并励直流电动机		M
非电量控制的继电器	速度继电器常开触头		KS		串励直流电动机		M
	压力继电器常开触头		KP	熔断器	熔断器		FU
发电机	发电机		G	变压器	单相变压器		TC
	直流测速发电机		TG		三相变压器		TM
灯	信号灯（指示灯）		HL	互感器	电压互感器		TV
	照明灯		EL		电流互感器		TA
接插器	插头和插座		X 插头 XP 插座 XS		电抗器		L

2. 电气原理图的绘制

电气原理图是为了便于阅读和分析控制电路的各种功能，用各种符号、电气连接起来描述全部或部分电气设备的工作原理的电路图。根据简单、清晰的原则，电气原理图采用电气元件展开的形式绘制，它包括了所有电气元件导电部分和接线端子，但并不按照电气元件的实际安装位置和实际接线情况绘制，也不反映电气元件的大小。

电气原理图分为主电路和辅助电路。从电源到电动机的这部分电路为主电路，可通过较大电流。辅助电路包括控制电路、信号电路、照明电路以及保护电路，电路中通过的电流较小。控制电路由按钮、接触器（线圈、主触头和辅助触头）、继电器触头、热继电器的触头、信号灯、照明灯等组成。电气原理图绘制原则如下：

(1) 主电路用粗实线绘制在图纸的左侧，其中电源电路用水平线绘制，受电动力设备及其保护电气支路应垂直于电源电路画出。

(2) 辅助电路用细实线绘制在图纸的右侧，应垂直绘制于两条水平电源线之间，耗能元件（如线圈、电磁铁、信号灯等）的一端应直接连接在接地的水平电源线上，控制触头连接在上方水平线与耗能元件之间。

(3) 主电路和辅助电路一般情况应按照动作顺序从上到下、从左到右依次排列。

(4) 各电气元件和部件在电气原理图中的位置应该根据便于阅读的原则安排，同一电气元件的多个部件可以不画在一起，但需要用同一文字符号标明。多个同一种类的电气元件可在文字符号后面加上数字序号下标。如两个接触器可用 KM_1、KM_2 文字符号区别。

(5) 主电路标号由文字符号和数字组成。文字符号用于标明主电路中元件或线路的主要特征，数字标号用于区别电路的不同线段。

(6) 三相交流电源引入线用 L_1、L_2、L_3 标记（分别对应以前的 A、B、C 三相，即对应色标黄、绿、红），中性线为 N。电源开关之后的三相交流电源主电路分别按 U、V、W 顺序进行标记，接地端为 PE。

(7) 电动机分支电路接点标记采用三相文字代号后面加数字来表示，数字中的十位数表示电动机代号，个位数表示该支路接点的代号，从上到下按数值的大小顺序标记。如 U_{11} 表示 M_1 电动机的第一相的第一个接点代号，U_{12} 为第一相的第二个接点代号，以此类推。

(8) 辅助电路中连接在一点上的所有导线具有同一电位而标注相同的线号，线圈、指示灯等以上线号标奇数，线圈、指示灯等以下电路线号标偶数。

(9) 原理图上尽可能减少线条交叉或避免线条交叉。原理图中直接连接的交叉导线连接点用实心圆点表示；可拆接或测试点用空心圆点表示；无直接连接的交叉点则不画圆点。根据图面布置的需要，可以将电气元件的图形符号逆时针旋转 90°绘制。

(10) 对非电气控制和人工操作的电气元件，必须在原理图上用相应的图形符号表示其操作方法及工作状态。对同一机构操作的所有触头，应用机械连杆表示其联动关系。各个触头的运动方向和状态必须与操作件的动作方向和位置协调一致。对与电气控制有关的机、液、气等装置，应用符号绘制出简图，以表示相互之间的关系。

3. 电气元件布置图的绘制

电气元件布置图表示各种电气设备在机械设备和电气控制柜中的实际安装位置，以给布局电气设备各个单元和安装工作提供所需要数据的图样。在绘制电气元件布置图时应遵循以下几条原则：

(1) 体积大和较重的电器应该安装在控制柜的下方。

(2) 安装发热元件时，要注意控制柜内所有元件温度升高的范围应保持在它们允许的极限内。对散热很大的元件，必须隔离安装，必要时可采用冷风降温措施。

(3) 为提高电子设备的抗干扰能力，弱电部分应该加装屏蔽和隔离装置。

(4) 元件的安排必须遵守规定的间隔 (参见 GB 5226.1—2006) 和爬电距离。而且应考虑到电气元件的维修，电气元件的布置和安装不宜过密，应留有一定的空间位置，以便操作。

(5) 需要经常维护、检修和调整用的电器 (如插件部分、可调电阻、熔断器等) 安装位置不宜过高或者过低。

(6) 尽量将外形及结构尺寸相同的电气元件安装在一排，以利于安装和补充加工，而且宜于布置，整齐美观。

(7) 电气元件布置应适当对称，可从整个电气元件布置图考虑对称，也可从某一部分布置图考虑对称，具体应该根据电气元件布置图的特点而定。

4. 电气接线图的绘制

根据电气原理图和各电气控制装置的电气布置图可以绘制电气接线图。绘制电气接线图应遵循以下原则：

(1) 接线图的绘制应符合《GB/T 6988.1—2008 电气技术用文件的编制　第 1 部分：规则》的规定。

(2) 电气接线图一律采用细实线绘制。

(3) 各电气元件用规定的图形符号绘制，同一电气元件的各部件必须画在一起。各电气元件在图中的位置应与实际安装位置保持一致。

(4) 各电气元件的文字符号及端子排的编号应与原理图一致，并按原理图的界限进行连接。原理图中项目代号、端子号及绝缘导线号的编制应分别符合 GB 5094—1985《电气技术中的项目代号》、GB/T 4026—2010《人机界面标志标识的基本和安全规则　设备端子和导体终端的标识》及 GB/T 4884—1985《绝缘导线的标记》等规定。

(5) 走向相同的多根导线可用单线绘制。

(6) 画连接导线时，应标明导线的规格、型号、根数和穿线管的尺寸。

(7) 接线走向要清楚表示出接线关系。目前接线图中表示接线关系的画法有两种：一是直接接线法，即直接画出两个元件之间的连线，适用于电气系统简单、电气元件少，接线关系不复杂的情况；二是间接标注接线法，即接线关系采用符号标注，不直接画出两元件之间的连线，适用于电气系统复杂、电器元件多、接线关系比较复杂的情况。

(8) 不在同一控制柜或者配电屏上的电气元件的电气连线，除大线外，必须经过端子排。

(9) 端子排要排列清楚，便于查找。可按线号数字大小顺序排列，或按动力线、交流控制线、直流控制线分类后，再按线号排列。

5. 电气原理图图面区域划分

为了便于检索电气线路，方便阅读电气原理图，应将电气原理图图面划分为若干区域。图区的编号一般写在图的下部，如图 3-17 所示，图中图面被划分为了 8 个图区。图的上方设有用途栏，可用文字标注该栏所对应的下面的电路或元件的功能，以利于理解电气原理图各部分的功能及全电路的工作原理。

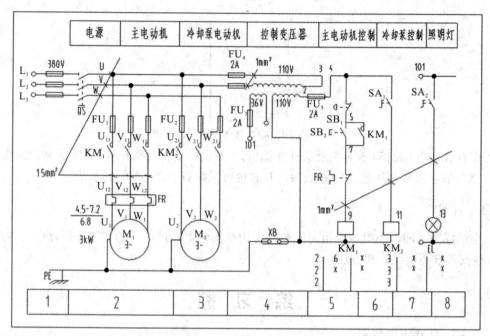

图 3-17　某机床电气原理图

6. 符号位置的索引

由于接触器、继电器的线圈和触头在电气原理图中不是画在一起的，其触头分布在图中所需的各个图区，因此为便于阅读，在接触器、继电器线圈的下方需画出其触头的索引表。对于接触器，索引表中各栏的含义如表 3-8 所示；对于继电器，索引表中各栏的含义如表 3-9 所示。

表 3-8　接触器索引表各栏含义

左栏	中栏	右栏
主触头所在图区号	辅助动合触头所在图区号	辅助动断触头所在图区号

表 3-9　继电器索引表各栏含义

左栏	右栏
辅助动合触头所在图区号	辅助动断触头所在图区号

例如，图 3-17 中的接触器 KM_1 的索引如图 3-18 所示，接触器 KM_2 的索引如图 3-19 所示。

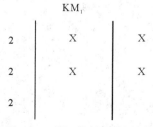

图 3-18　KM_1 接触器索引图

此索引表明 KM_1 有 3 对主触头在 2 图区，无辅助动合触头和辅助动断触头。

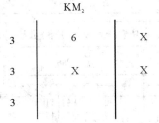

图 3-19　KM_2 接触器索引图

此索引表明 KM_2 有 3 对主触头在 3 图区，1 对辅助动合触头在 6 图区，无辅动断触头。"X"表示没有使用辅助动断触头，有时也可采用省去"X"的表示法。

3.6.2　讨论

小组成员之间、小组与小组之间相互讨论在安装电路过程中的一些心得体会，并总结出一些安装技巧、经验和方法。

练 习 题

1. 什么叫作自锁控制？
2. 在电气控制线路中，常用的保护环节有哪些？各种保护的作用是什么？常用什么电气元件来实现相应的保护要求？
3. 电气原理图的设计方法有哪几种？
4. 绘制电气原理图的要求有哪些？
5. 电气原理图和接线图有何区别？绘制接线图时应遵循哪些原则？

项目四

三相异步电动机正反转控制线路的装调

▶ 技能目标

1. 能够正确理解和运用电气、开关互锁电路。
2. 掌握三相异步电动机正反转控制线路的装调。
3. 能够对电路中常见故障进行分析、排除。

▶ 知识目标

1. 掌握三相异步电动机正反转控制线路的工作原理。
2. 掌握电气原理图绘制原则与方法。
3. 掌握常用低压器件的检测、维修方法。

▶ 课程思政与素质

1. 通过学习电气安装实施规范，引导学生遵守各项规章制度和国家法律法规，做一个守法的好公民。
2. 通过故障现象分析及故障点查找，培养学生分析问题及解决问题的能力。
3. 通过三相异步电动机正反转控制线路的装调练习，使学生养成一丝不苟的好习惯。

4.1 项 目 任 务

本项目为三相异步电动机正反转控制线路的装调，项目主要内容如表 4-1 所述。

表 4-1　项目四的主要内容

项目内容	1. 掌握三相异步电动机正反转控制线路的工作原理
	2. 熟悉电气原理图绘制原则与方法
	3. 能够正确理解和运用电气、开关互锁电路
	4. 掌握三相异步电动机正反转控制线路的装调
	5. 能够对电路中常见故障进行分析、排除
重点难点	1. 电气原理图设计
	2. 元器件布局与线路布局设计
	3. 电路故障分析与排除

续表

参考的相关文件	1. GB/T 13869—2017《用电安全导则》 2. GB 19517—2009《国家电气设备安全技术规范》 3. GB/T 25295—2010《电气设备安全设计导则》 4. GB 50150—2016《电气装置安装工程　电气设备交接试验标准》 5. GB 7159—1987《电气技术中的文字符号制订通则》 6. GB/T 6988.1—2008《电气技术用文件的编制　第1部分：规则》
操作原则 与注意事项	1. 一般原则：方案的设计必须遵循低压线路安装工艺原则；线路图设计必须合理 2. 安装过程：在安装过程中，必须遵循6S标准；组装电路必须具备安全性高、可靠性强的特点 3. 调试过程：必须对线路进行相关检查，然后经指导老师检查同意后，方可通电试车 4. 故障分析：在对常见故障进行分析和排除时应科学分析、仔细检查；在自我确实无法排除故障时，方可请教指导老师

▶ 项目导读

　　在实际生产中，机床工作台需要前进与后退，万能铣床的主轴需要正转与反转，起重机的吊钩需要上升与下降等都需要通过电动机的正反转控制来实现。三相异步电动机的正反转控制线路是通过改变接入三相异步电动机绕组的电源相序来实现的。常见的控制线路有顺倒开关正反转控制线路、接触器联锁正反转控制线路、按钮联锁正反转控制线路、接触器和按钮联锁正反转控制线路。如图4-1所示为港口船舶起吊装置示意图。

图4-1　港口船舶起吊装置示意图

4.1.1 电气原理图绘制任务书

电气原理图绘制任务书如表 4-2 所述。

表 4-2 电气原理图绘制任务书

| 学院 _____ | 低压电器表调指导书 | | 文件编号 | |
| 工序号： | 工序名称：绘制电气原理图 | | 版　次 | |

作业内容	
1	按照控制要求绘制电气原理图（主电路图和控制电路图）
2	按照线路板的大小绘制元件布线图
3	在每个图形符号旁标注文字符号
4	所有按钮、触点均按没有外力作用和没有通电时的原始状态画出
5	该电路采用双重联锁控制

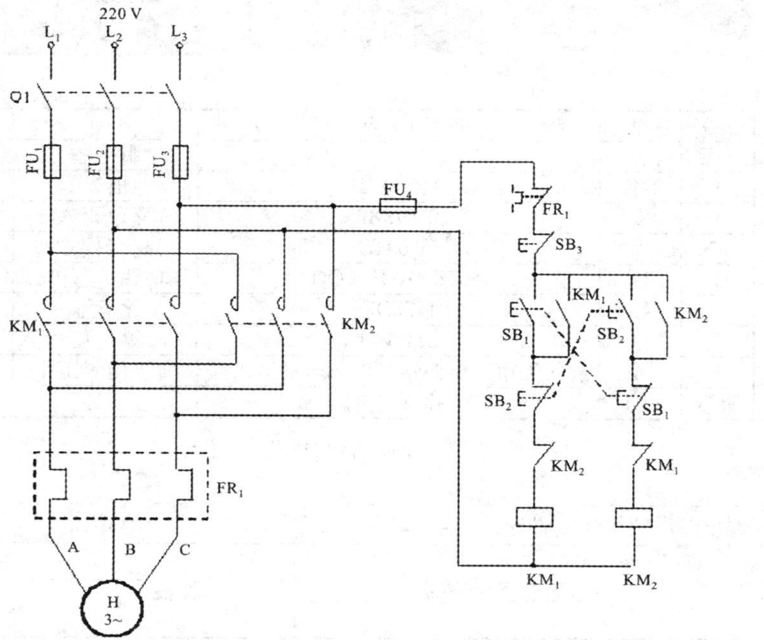

使用工具
十字螺丝刀、万用表、刀片、镊子、毛刷子

工艺要求（注意事项）	
1	各电气元件的图形符号和文字符号必须与电气原理图一致，并符合国家标准
2	原理图中各电气元件和部件在控制线路中的位置应根据便于阅读的原则安排；同一电气元件的各个部件可以不画在一起
3	电气元件的布置应整齐、美观、对称；外形尺寸与结构类似的电气元件安装在一起，以利于安装和配线
4	熟悉 GB/T 6988.1—2008《电气技术用文件的编制 第 1 部分：规则》
5	熟悉 GB 7159—87《电气技术中的文字符号制定通则》

| | 批　准 | | 生产日期 | |

主电路和控制电路图

| 编　制 | | 更改标记 | |
| 审　核 | | 更改人签名 | |

4.1.2 列出元件清单并检测相关器件任务书

列出元件清单并检测相关器件任务书如表 4-3 所述。

表 4-3 列出元件清单并检测相关器件任务书

学院 _____			文件编号	
工序号：			版　次	
工序名称：列出元件清单并检测相关器件		低压电器装调指导书		

元件清单列表

序号	名称	型号与规格	单位	数量
1	电工常用工具	万用表、尖嘴钳、剥线钳、电工刀等	套	1
2	万用表	FM-47F	台	1
3	兆欧表	ZC25-4	台	1
4	三相异步电动机	DQ 0 100W-220V	台	1
5	交流接触器	CJT0-10	个	2
6	热继电器	JR36-20	个	1
7	按钮	LA4-3H	只	1
8	端子排	—	节	若干
9	导线	2.5 mm² (1.5 mm²)	m	若干

作业内容

序号	内容
1	根据原理图列出元件清单明细表
2	根据控制的需要选择元件具体型号
3	用相关仪表对所使用的器件好坏进行检测
4	检查电动机使用的电源电压和绕组的接法是否与铭牌上规定的相一致
5	根据原理图合理选择控制电路和主电路连接线线径的大小

使用工具：万用表、尖嘴钳、剥线钳、一字螺丝刀、十字螺丝刀、试电笔、镊子、电工刀

工艺要求（注意事项）

序号	内容
1	测量 KM 主触头和辅助常开触头时，用 $R\times1$ 挡，其阻值接近于零则正常；测量 KM 常闭触头时，用 $R\times1k$ 或者 $R\times10k$ 挡，其阻值为 ∞ 则正常；测量 KM 线圈时，用 $R\times10$ 或 $R\times100$ 挡位，所测阻值应该在 500 Ω 左右为正常
2	测量 FR 热元件时，用 $R\times1$ 挡位对热元件和常闭触头进行测量，其阻值接近于零则正常；对常开触头则采用 $R\times1k$ 或 $10k$ 挡，其阻值为 ∞，则正常
3	对三相异步电动机好坏进行测量时，要对相同绝缘电阻、对地绝缘电阻、三相绕组通路两端使用 $R\times1$ 挡，其阻值接近于零则正常
4	按钮开关常开端使用 $R\times1k$ 或者 $10k$ 挡位测量，其阻值为 ∞ 则正常；常闭端用 $R\times1$ 挡，其阻值接近于零则正常

1. 接触器的检测　　2. 热继电器的检测　　3. 按钮开关的检测

编制		审核	
批准		生产日期	
更改标记			
更改人签名			

4.1.3 元件的固定及线路的安装任务书

元件的固定及线路的安装任务书如表 4-4 所述。

表 4-4 元件的固定及线路的安装任务书

学院		低压电器装调指导书		文件编号	
		工序名称：元件的固定及线路的安装		版 次	
工序号：					

	作 业 内 容
1	按照元件布置图固定相关元件，固定元件时，每个元件要摆放整齐，上下左右要对正，间距要均匀
2	根据原理图，合理地布线，接线时必须先接负载后接电源，先接地线后接三相电源线
3	连接线路时，羊眼圈（也称为螺丝）要以顺时针方向整形，走线的过程中，尽量避免交叉现象；严格按照安装工艺的要求组接
4	每根连接线一定要按照线号方向穿好线号套管，出现故障时便于检测、排除
5	在开关接线端，弹簧垫一定要加上；有多根线接出时，掌握好力度，防止用力过大而胀脱

	使 用 工 具
	万用表、尖嘴钳、剥线钳、一字螺丝刀、十字螺丝刀、试电笔、镊子、电工刀

	工艺要求（注意事项）
1	通电试车前，必须把在组装电路时产生的断线，残线及相关工具清理掉，然后由指导老师接通三相电源 L_1、L_2、L_3，并且要在现场监护
2	当按下点动按钮开关时，观察接触器动作情况是否灵活，有无卡阻及噪声过大等现象，电动机运行情况是否正常
3	通电试车完毕，停转后切断电源；先拆除三相电源线，再拆除电动机
4	清理现场并记录好相关数据

元件固定、拨线、整形及安装

更改标记				编 制		批 准	
更改人签名				审 核		生产日期	

4.2 项目准备

4.2.1 任务流程图

三相异步电动机正反转控制线路的装调流程图如图 4-2 所示。

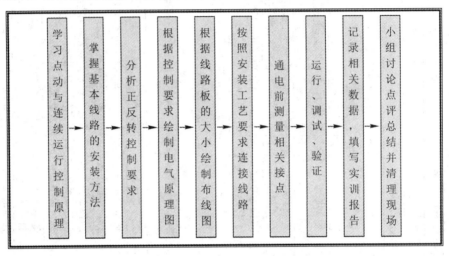

图 4-2　任务流程图

4.2.2 环境设备

三相异步电动机正反转控制线路的装调项目所需工具和设备如表 4-5 所示。

表 4-5　工具、设备清单

序号	分类	名称	型号规格	数量	单位	备注
1	工具	常用电工工具	—	1	套	—
2		万用表	MF-47F	1	台	—
3	元器件	交流接触器	CJ20-10	2	个	—
4		热继电器	JR20-10L	1	个	—
5		三相电源插头	16A	1	个	—
6		三相异步电动机	Y 系列 80-4	1	台	—
7		按钮开关	LA4-3H	1	组	—

4.3 背景知识

4.3.1 手动控制正反转线路的工作原理

1. 手动控制正反转线路的绘制及原理图分析

手动控制正反转线路的原理图如图 4-3 所示。

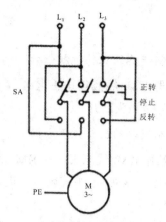

图 4-3　手动控制正反转线路原理图

2. 工作过程分析

转换开关 SA 处在"正转"位置时，电动机正转；转换开关 SA 处在"反转"位置时，电动机的相序改变，电动机反转；转换开关 SA 处在"停止"位置时，电源被切断，电动机停车。

电动机处于正转状态时，欲使之反转，必须把手柄扳到"停止"位置，先使电动机停转，然后再把手柄扳至"反转"位置。如果直接把手柄由"正转"扳至"反转"，因电源突然反接，会产生很大的冲击电流，烧坏转换开关和电动机定子绕组。

3. 线路特点

手动控制正反转线路的优点是所用电气元件少，控制简单。其缺点是频繁换向时操作不方便，无欠压和零压保护，只能适合于容量为 5.5 kW 以下的电动机的控制。

4.3.2　接触器联锁的正反转控制线路的工作原理

1. 接触器联锁的正反转控制线路的绘制及原理图分析

接触器联锁的正反转控制线路的主电路和控制电路图如图 4-4 所示。

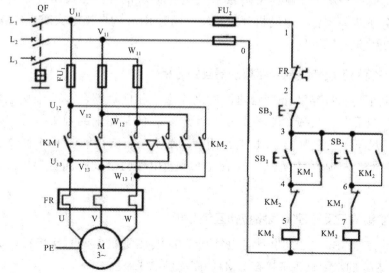

图 4-4　接触器联锁的正反转控制线路的主电路和控制电路图

2. 工作过程分析

1) 接触器联锁的正反转控制线路的正转控制分析

按下正转按钮 SB_1 →接触器 KM_1 线圈得电→ KM_1 主触头闭合→电动机正转，同时 KM_1 的自锁触头闭合，KM_1 的互锁触头断开。

2) 接触器联锁的正反转控制线路的反转控制分析

先按下停止按钮 SB_3 →接触器 KM_1 线圈失电→ KM_1 的互锁触头闭合；然后按下反转按钮 SB_2 →接触器 KM_2 线圈得电→ KM_2 主触头闭合，电动机开始反转，同时 KM_2 的自锁触头闭合，KM_2 的互锁触头断开。

3. 线路优缺点

接触器联锁的正反转控制线路的优点是工作安全可靠，其缺点是操作不方便。

4.3.3　双重联锁的正反转控制线路的实现

双重连锁的正反转控制线路的实现是在接触器联锁的正反转控制线路的基础之上在控制线路中增加了按钮开关联锁控制。这种互锁关系能保证一个接触器断电释放后，另一个接触器才能通电动作，从而避免因操作失误而造成电源相间短路。按钮和接触器的复合互锁使电路更安全可靠。

1. 双重联锁的正反转控制线路正转控制分析

按下正转按钮 SB_1 →接触器 KM_1 线圈得电→ KM_1 主触头闭合→电动机正转，同时 KM_1 的自锁触头闭合，SB_1 联锁接点断开，KM_1 的互锁触头断开。

2. 双重联锁的正反转控制线路反转控制分析

按下反转按钮 SB_2 →接触器 KM_1 线圈失电→ KM_1 的互锁触头闭合→接触器 KM_2 线圈得电→ KM_2 主触头闭合，电动机开始反转，同时 KM_2 的自锁触头闭合，SB_2 联锁接点断开，KM_2 的互锁触头断开。

3. 双重联锁的正反转控制线路接触器互锁分析

为了避免正转和反转两个接触器同时动作造成相间短路，在两个接触器线圈所在的控制电路上加了电气联锁。即将正转接触器 KM_1 的常闭辅助触头与反转接触器 KM_2 的线圈串联，也将反转接触器 KM_2 的常闭辅助触头与正转接触器 KM_1 的线圈串联。这样，两个接触器互相制约，使得任何情况下不会出现两个线圈同时得电的状况，起到保护作用。

4. 双重联锁的正反转控制线路按钮互锁分析

复合启动按钮 SB_1 与 SB_2 也具有电气互锁作用。SB_1 的常闭触头串接在 KM_2 线圈的供电线路上，SB_2 的常闭触头串接在 KM_1 线圈的供电线路上。

4.4　操作指导

4.4.1　绘制原理图

根据控制要求绘制的双重联锁的正反转控制线路的主电路及控制电路图如图 4-5 所示；双重联锁的正反转控制线路布线图如图 4-6 所示；双重联锁的正反转控制线路接线图如图 4-7 所示。

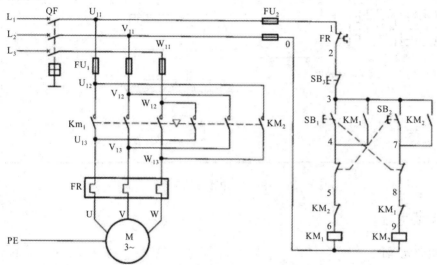

图 4-5　主电路及控制电路图

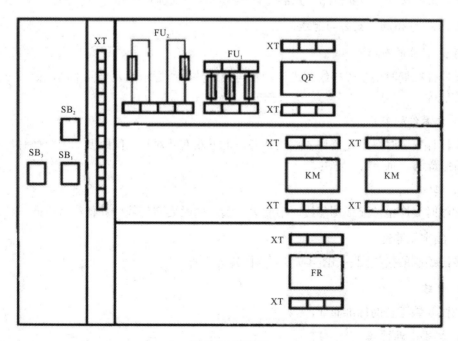

图 4-6　布线图

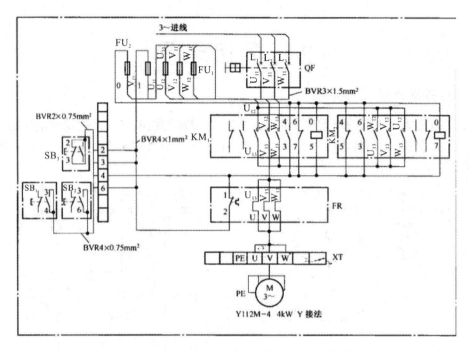

图 4-7　电路接线图

4.4.2　安装电路

1. 检查元器件

根据表 4-1 配齐元器件，并检查元器件的规格是否符合要求以及检测元器件的质量是否良好。在本项目中需要检测的元器件有热继电器、交流接触器、电动机。

2. 元器件布局、安装与配线

1) 元器件的布局

元器件布局时要参照接线图进行，若与接线图中所标示的元器件不同，则应该按照实际情况布局。

2) 元器件的安装

元器件安装时每个元器件要摆放整齐，上下左右要对正，间距要均匀。拧螺丝钉时一定要加弹簧垫，而且松紧适度。

3) 配线

配线时要严格按配线图配线，不能丢、漏，同时要穿好线号并使线号方向一致。

3. 固定元器件

按照绘制的接线图（如图 4-7 所示）固定元器件。

4. 布线

按照安装工艺的标准布线。

5. 检查电路连接

检查电路连接时应对照接线图检查是否存在掉线、错线，是否编漏、编错线号，接线是否牢固等。

4.4.3　通电前的检测

通电前的检测通常有两种方法。

1. 电阻测量法

采用电阻测量法进行通电前检测时，首先将万用表选择至合适的挡位（一般为 R×100Ω 挡），然后按照控制电路输出的线号顺序对各个点依次测量。具体测量方法可参照图 3-15。

2. 电压测量法

采用电压测量法进行通电前检测时，首先将万用表选择合适的挡位（交流电压 500 V），然后根据电压的走向，依次测量。具体测量方法可参照图 3-16。

4.4.4　通电试车

为保证人身安全，在通电试车时，要认真执行安全操作规程的有关规定，一人监护，一人操作。试车前，应检查与通电试车有关的电气设备是否有不安全的因素存在，若查出应该立即整改，然后方能试车。具体要求如下：

(1) 通电试车前，由指导老师接通三相电源 L_1、L_2、L_3，并且要在现场监护。

(2) 当按下点动按钮开关时，观察接触器动作情况是否正常，线路功能是否符合要求，电气元件的动作是否灵活，有无卡阻及噪声过大等现象，电动机运行情况是否正常等。

(3) 通电试车完毕，停转后切断电源。先拆除三相电源线，再拆除电动机。

(4) 如有故障，应该立即切断电源，分析原因并检查电路，直至达到项目拟定的要求。若需要带电检查时，必须在老师现场监护下进行。

4.5　质量评价标准

本项目的质量考核要求及评分标准如表 4-6 所示。

表 4-6　质量评价表

考核项目	考核要求	配分	评 分 标 准	扣分	得分	备注
元件的检查	对电路中所使用的元件进行检测	10	元件错检、漏检，扣 1 分/个			
元件的安装	1. 会安装元件 2. 按照图能完整、正确及规范地接线 3. 按照要求编号	30	1. 元件松动，扣 2 分/处；有损坏扣 4 分/处 2. 错、漏线，扣 2 分/根 3. 元件安装不整齐、不合理，扣 3 分/个			
线路的连接	1. 安装控制线路 2. 安装主电路	20	1. 未按照线路接线图布线，扣 15 分 2. 接点不符合要求，扣 1 分/个 3. 损坏连接导线的绝缘部分，扣 5 分/个 4. 接线压胶、反圈、芯线裸露过长，扣 1 分/处 5. 漏接接地线，扣 5 分/处			

考核项目	考核要求	配分	评 分 标 准	扣分	得分	备注
通电试车	调试、运行线路	40	1. 第一次试车不成功，扣 25 分 2. 第二次试车不成功，扣 30 分 3. 第三次试车不成功，扣 35 分			
安全生产	自觉遵守安全文明生产规程	10	1. 每违反一项规定，扣 3 分 2. 发生安全事故，按 0 分处理			
时间	2 小时	—	1. 提前正确完成，每 5 分钟加 2 分 2. 超过定额时间，每 5 分钟扣 2 分			

4.6　知　识　进　阶

4.6.1　三相异步电动机自动往返循环控制

　　在生产过程中，一些生产机械的工作台要求在一定行程内自动往返运动，以便实现对工件的连续加工，提高生产效率。在实际生产中通常由行程开关来控制工作台自动往返运动。如图 4-8 所示为工作台示意图；如图 4-9 所示为工作台自动往返控制主电路及控制电路图。

图 4-8　工作台示意图

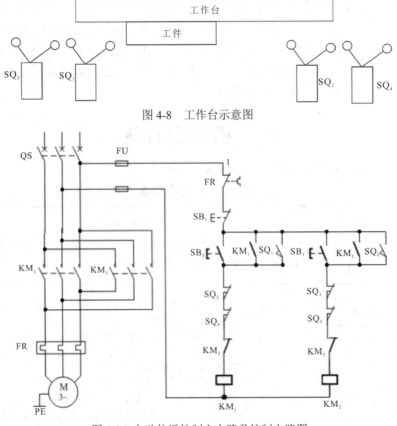

图 4-9　自动往返控制主电路及控制电路图

1. 控制原理分析

当按下 SB$_2$ 时，KM$_1$ 线圈得电，KM$_1$ 动合辅助触头闭合，对 KM$_1$ 自锁，动合主触头闭合，电动机正转，同时 KM$_1$ 动断触头断开，对 KM$_2$ 联锁。当松开 SB$_2$ 时，电动机继续保持正转，挡铁碰 SQ$_1$ 时，SQ$_1$ 动断触头断开，KM$_1$ 线圈失电，KM$_1$ 动合主触头断开，电动机停转，同时 KM$_1$ 动合辅助触头断开，解除对 KM$_1$ 的自锁，KM$_1$ 动断触头恢复闭合，解除对 KM$_2$ 的联锁，SQ$_1$ 动合触头闭合，KM$_2$ 线圈得电，KM$_2$ 动断触头断开，对 KM$_1$ 联锁，KM$_2$ 动合触头闭合，对 KM$_2$ 自锁，KM$_2$ 动合主触头闭合，电动机反转，工作台向右运动；SQ$_1$ 复原，工作台继续向右运动，挡铁碰 SQ$_2$，SQ$_2$ 动断触头断开，KM$_2$ 线圈失电，KM$_2$ 动合主触头断开，电动机停转；然后 KM$_2$ 动合触头断开，解除对 KM$_2$ 的自锁，KM$_2$ 动断触头闭合，解除对 KM$_1$ 的联锁，挡铁碰 SQ$_2$，SQ$_2$ 动合触头闭合，KM$_1$ 线圈得电，KM$_1$ 动合辅助触头闭合，对 KM$_1$ 自锁，KM$_1$ 动合主触头闭合，电动机正转，KM$_1$ 动断触头断开，对 KM$_2$ 联锁。开关这样反复动作，工作台就产生了来回往复运行。只有当按下 SB$_1$ 停止按钮时，各开关复位，电动机才停转。

在图 4-9 所示的控制电路中增设了另外两个行程开关 SQ$_3$ 和 SQ$_4$。在实际的工作台中，分别将这两个行程开关放置在自动切换电动机往返运行的 SQ$_1$ 和 SQ$_2$ 的外侧，目的就是将 SQ$_3$ 和 SQ$_4$ 作为终端保护，以防止 SQ$_1$ 和 SQ$_2$ 在长期的使用中造成磨损而引起失灵，引起工作台位置无法被限制而发生生产事故。

2. 项目所需工具、设备

本项目所需工具、设备如表 4-7 所示。

表 4-7 工具、设备清单

序号	分类	名称	型号规格	数量	单位	备注
1	工具	常用电工工具	—	1	套	—
2		万用表	MF-47F	1	台	—
3	元器件	交流接触器	CJ20-10	2	个	—
4		热继电器	JR20-10L	1	个	—
5		三相电源插头	16A	1	个	—
6		三相异步电动机	Y 系列 80-4	1	台	—
7		行程开关	JLXK1-211	4	个	—
8		按钮开关	LA4-3H	1	组	—

4.6.2 讨论

小组成员之间、小组与小组之间相互讨论在安装电路过程中的一些心得体会，并总结出一些安装技巧、经验和方法。

练 习 题

1. 三相异步电动机如何实现正反转？

2. 为什么要采用联锁控制？没有采用联锁控制而直接在正反转之间切换会造成什么后果？

项目五

三相异步电动机降压启动控制线路

▶技能目标

1. 能够设计电气原理图。
2. 能够对 Y-△降压启动控制线路进行正确的安装与调试。
3. 能够对电路中常见故障进行分析、排除。

▶知识目标

1. 掌握三相异步电动机降压启动控制线路的工作原理。
2. 进一步熟悉电气原理图绘制原则与方法。

▶课程思政与素质

1. 通过电气原理图的设计，培养学生精益求精、大胆钻研的工作作风以及刻苦钻研 + 勇于创新的科学精神。
2. 通过故障现象分析及故障点查找，培养学生分析问题及解决问题的能力。
3. 通过三相异步电动机降压启动控制线路的装调练习，使学生养成一丝不苟的好习惯。

5.1 项 目 任 务

本项目为三相异步电动机降压启动控制线路，项目主要内容如表 5-1 所述。

表 5-1　项目五的主要内容

项目内容	1. 掌握三相异步电动机降压启动控制线路的工作原理
	2. 进一步熟悉电气原理图绘制原则与方法
	3. 能够对 Y-△降压启动控制线路进行正确的安装与调试
	4. 能够对电路中常见故障进行分析、排除
重点难点	1. 电气原理图设计
	2. 元器件布局与线路布局设计
	3. 电路故障分析与排除

续表

参考的相关文件	1. GB/T 13869—2017《用电安全导则》 2. GB 19517—2009《国家电气设备安全技术规范》 3. GB/T 25295—2010《电气设备安全设计导则》 4. GB 50150—2016《电气装置安装工程　电气设备交接试验标准》 5. GB 7159—1987《电气技术中的文字符号制订通则》 6. GB/T 6988.1—2008《电气技术用文件的编制　第1部分：规则》
操作原则 与注意事项	1. 一般原则：方案的设计必须遵循低压线路安装工艺原则；线路图设计必须合理 　2. 安装过程：在安装过程中，必须遵循6S标准；组装电路必须具备安全性高、可靠性强的特点 　3. 调试过程：必须对线路进行相关检查，然后经指导老师检查同意后，方可通电试车 　4. 故障分析：在对常见故障进行分析和排除时应科学分析、仔细检查；在自我确实无法排除故障时，方可请教指导老师

项目导读

　　在三相异步电动机直接启动时，启动电流较大（一般为额定电流的4～7倍，通常选额定电流的6倍计算），直接启动会影响同一供电线路中其他电气设备的正常工作。因此为了避免电动机启动时对电网产生较大的压降，启动电流不能太大，同时也不能不减小电动机自身的启动转矩。这样就产生出了各种降压启动控制线路，而在各种降压启动电路中，Y-△降压启动是最常见和最常用的方法，如图5-1所示就为采用Y-△降压启动的设备。

图 5-1　采用 Y-△降压启动的设备

5.1.1 电气原理图绘制任务书

电气原理图绘制任务书如表 5-2 所述。

表 5-2　电气原理图绘制任务书

学院　＿＿＿＿	低压电器装调指导书	文件编号	
工序号：	工序名称：绘制原理图	版次	

序号	作业内容
1	按照控制要求绘制原理图（主电路图和控制电路图）
2	按照线路板的大小绘制元件布线图
3	在每个图形符号旁标注文字符号
4	所有按钮、触点均按没有外力作用和没有通电时的原始状态画出
5	该电路采用时间继电器实现降压启动

使用工具：万用表、尖嘴钳、剥线钳、一字螺丝刀、十字螺丝刀、试电笔、镊子、电工刀

序号	工艺要求（注意事项）
1	各电气元件的图形符号和文字符号必须与电气原理图一致，并符合国家标准
2	原理图中各电气元件和部件在控制线路中的位置应根据便于阅读的原则安排，同一电气元件的各个部件可以不画在一起
3	电气元件的布置应整齐、美观、对称；外形尺寸与结构类似的电气元件安装在一起，以利于安装和配线
4	熟悉 GB/T 6988.1—2008《电气技术用文件的编制　第 1 部分：规则》
5	熟悉 GB 7159—1987《电气技术中的文字符号制订通则》

编制	审核
批准	生产日期
更改标记	
更改人签名	

主电路和控制电路图

5.1.2 列出元件清单并检测相关器件任务书

列出元件清单并检测相关器件任务书如表 5-3 所述。

表 5-3 列出元件清单并检测相关器件任务书

学院		工序名称：低压电器装调指导书			文件编号	
工序号：		文件名称：列出元件清单并检测相关器件			版 次	

元件清单列表

序号	名称	型号与规格	单位	数量
1	电工常用工具	万用表、尖嘴钳、剥线钳、电工刀等	套	1
2	万用表	FM-47F	台	1
3	兆欧表	ZC25-4	台	1
4	三相异步电动机	DQ10-100W-220V	台	1
5	交流接触器	CJT0-10	个	3
6	热继电器	JR36-20	个	1
7	按钮	LA4-3H	只	1
8	时间继电器	JS7-1A	个	1
9	端子排	—	节	若干
10	导线	2.5 mm² (1.5 mm²)	m	若干

作业内容

序号	内容
1	根据原理图列出元件清单明细表
2	根据控制的需要，选择元件具体型号
3	用相关仪表对所用器件好坏进行检测
4	检查电动机使用的电源电压和绕组的接法是否与铭牌上规定的相一致
5	根据原理图合理选择控制电路和主电路连接线径的大小

使用工具

万用表、尖嘴钳、剥线钳、一字螺丝刀、十字螺丝刀、试电笔、镊子、电工刀

工艺要求（注意事项）

序号	内容
1	测量 KM 主触头和辅助常开触头时，用 R×1 挡，其阻值接近于零则正常；测量 KM 常闭触头时，用 R×1k 挡或者 10k 挡，其阻值为∞则正常；测量 KM 线圈时，用 R×10 或者 R×100 挡位，所测阻值应该在 500Ω 左右为正常
2	测量 FR 热元件时，用 R×1 挡位对热元件和常闭触头进行测量，其阻值接近于零为正常。常开触头采用 R×1k 挡或 10k 挡，其阻值为∞，则正常
3	对三相异步电动机好坏进行测量时，要对相间绝缘电阻、对地绝缘电阻、三相绕组通路和定子绕组直流电阻进行测量
4	测量时间继电器线圈时，使用 R×100 挡，其阻值约 1.2 kΩ 则正常；常开常闭端的测量与接触器的常开常闭测量方法一样

1. 接触器的检测　2. 热继电器的检测　3. 按钮开关的检测

编 制		审 核		批 准	
更改标记				生产日期	
更改人签名					

5.1.3 元件的固定及线路的安装任务书

元件的固定及线路的安装任务书如表 5-4 所述。

表 5-4 元件的固定及线路的安装任务书

学院 _____	工序名称：元件的固定及线路的安装	文件编号	
工序号：		版　次	

	作　业　内　容
1	按照元件布置图固定相关器件，固定元件时，每个元件要摆放整齐，上下左右要对正、间距要均匀
2	根据原理图，合理地布线，接线时必须先接负载端后接电源，先接地线后接三相电源相线
3	连接线路时，羊眼圈要以顺时针方向整形，走线的过程中，尽量避免交叉；严格按照安装工艺的要求组装
4	每根连接线一定要按照线号方向穿好线号管，便于检测、排除故障

使用工具

万用表、尖嘴钳、剥线钳、十字螺丝刀、一字螺丝刀、镊子、电工刀、试电笔

	工艺要求（注意事项）
1	通电试车前，必须把在组装电路时产生的断线、残线及相关工具清理掉，然后由指导老师接通三相电源 L_1、L_2、L_3，并且要在现场监护
2	当按下启动按钮开关时，观察接触器动作情况是否正常，是否符合线路功能要求，电气元件的动作是否灵活，电动机运行情况是否正常等
3	通电试车完毕，停转后切断电源。先拆除三相电源线，再拆除电动机
4	检测线路或故障排除时，采用电阻法或电压法

低压电器装调指导书

工序名称：元件的固定及线路的安装

1. 元件摆放
2. 固定接触器
3. 固定热继电器
4. 固定端子排
5. 导线整形
6. 安装

		编制			
		审核			
更改标记					
更改人签名			批准		生产日期

5.2 项目准备

5.2.1 任务流程图

三相异步电动机降压启动控制线路装调流程图如图 5-2 所示。

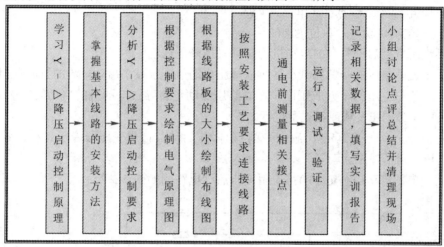

图 5-2 任务流程图

5.2.2 环境设备

本项目所需工具和设备如表 5-5 所示。

表 5-5 工具和设备清单

序号	分类	名称	型号规格	数量	单位	备注
1	工具	常用电工工具	—	1	套	—
2		万用表	MF-47F	1	台	—
3	元器件	交流接触器	CJ20-10	3	个	—
4		热继电器	JR20-10L	1	个	—
5		三相电源插头	16A	1	个	—
6		三相异步电动机	Y 系列 80-4	1	台	—
7		时间继电器	JS7-1A	1	个	—
8		按钮开关	LA4-3H	1	组	—

5.3 背景知识

5.3.1 降压启动的基础知识

电源容量在 180 kVA 以上、电动机容量在 7 kW 以下的三相异步电动机可采用直接启

动。对于电动机是否能够直接启动可根据以下公式来确定，即

$$\frac{I_{st}}{I_N} \leq \frac{3}{4} + \frac{S}{4P}$$

式中：I_{st}——电动机全压启动电流，单位为 A；

　　　I_N——电动机额定电流，单位为 A；

　　　S——电源变压器容量，单位为 kVA；

　　　P——电动机功率，单位为 kW。

凡不满足直接启动条件的电动机均必须采用降压启动。

由于电流随电压的降低而减小，所以降压启动达到了减小启动电流的目的。但是由于电动机的转矩与电压的平方成正比，所以降压启动也将导致电动机的启动转矩大为降低。因此降压启动必须在空载或轻载下进行。

常见降压启动方式有定子绕组串接电阻降压启动、自耦变压器降压启动、Y-△降压启动和延边三角形降压启动等。

时间继电器自动控制定子串接电阻降压启动电路图如图 5-3 所示。

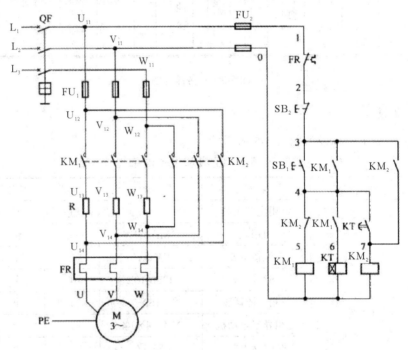

图 5-3　时间继电器自动控制定子串接电阻降压启动电路图

定子绕组串接电阻降压启动控制线路是把电阻串接在电动机定子绕组与电源之间，电动机启动时，通过电阻的分压作用来降低定子绕组上的启动电压。待电动机启动结束后，再将电阻短接，使电动机定子绕组的电压恢复到全压运行。在实际生产应用中，通常运用时间继电器来实现短接电阻，以达到自动控制的效果。

1. 工作过程分析

按下启动按钮 SB_1，KM_1 线圈得电，KM_1 常开触头闭合自锁，同时，KM_1 主触头闭合，

电动机 M 串接电阻 R 实现降压启动。

在按下启动按钮 SB_1 的同时，时间继电器 KT 开始计时，时间一到 KT 常开触头闭合，KM_2 线圈得电，主触头闭合，电阻 R 被短接，电动机 M 全压运行。

按下 SB_2 时，电动机 M 则停止运行。

2. 电气线路特点

三相异步电动机降压启动控制线路的优点是能够实现降压启动要求，其缺点是若频繁启动，则电阻的温度会很高，对于精密度高的设备会有一定的影响。

5.3.2 自耦变压器降压启动控制线路的工作原理

自耦变压器降压启动控制线路是利用自耦变压器来降低电动机启动时加在定子绕组上的电压，以达到限制启动电流的目的。待电动机启动以后，再使电动机与自耦变压器脱离，从而使电动机转为在全压下正常运行。实现自耦变压器降压启动线路的主要器件为自耦减压启动器。自耦减压启动器有手动式和自动式两种，如图5-4和图5-5所示分别为手动式自耦减压启动器外形图和结构图，其原理图如图5-6所示。

图 5-4　手动式自耦减压启动器外形图

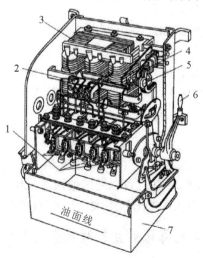

1—启动触头；2—热继电器；3—自耦变压器；4—欠电压保护装置；5—停止按钮；6—操作手柄；7—油箱

图 5-5　手动式自耦减压启动器结构图

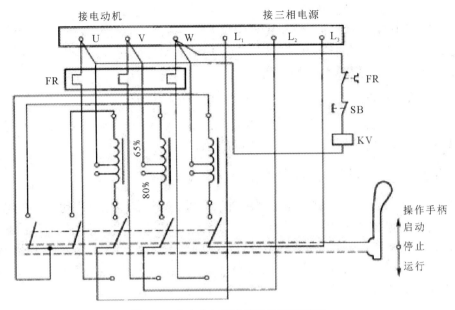

图 5-6　手动式自耦减压启动器原理图

1. 工作过程分析

当操作手柄扳到"停止"位置时，装在主轴上的动触头与上、下两排静触头都不接触，电动机处于停止运行状态。

当操作手柄向前推至"启动"位置时，装在主轴上的动触头与上面一排启动静触头接触，三相电源 L_1、L_2、L_3 通过右边三个动触头与静触头接入自耦变压器，又经过自耦变压器的 3 个 65%(或 80%) 抽头接入电动机进行降压启动；左边两个动、静触头接触则把自耦变压器接成了 Y 形。

当电动机的转速上升到一定值时，将操作手柄向后迅速扳至"运行"位置，使右边 3 个动触头与下面一排的 3 个运行静触头接触，这时自耦变压器脱离，电动机与三相电源 L_1、L_2、L_3 直接相接，实现全压运行。

停止时，只要按下停止按钮 SB，失压脱扣器线圈 KV 失电，衔铁下落释放，通过机械操作机构使启动器掉闸，操作手柄便自动回到"停止"位置，电动机断电停转。

由于热继电器 FR 的常闭触头、停止按钮 SB、失压脱扣器线圈 KV 串接在 U、V 两相电源上，所以当出现电源电压不足、突然停电、电动机过载或停车等情况时都能够使启动器掉闸，电动机断电停转。

2. 电气线路特点

自耦变压器降压启动控制线路的优点是起动转矩较大，当其绕组抽头在 80% 处时，起动转矩可达到直接起动时的 64%，并且可以通过抽头调节起动转矩，而且能适应不同负载起动的需要。其缺点是冲击电流大和冲击转矩大，起动过程中存在二次冲击电流和冲击转矩。

5.3.3　时间继电器控制 Y-△ 降压启动控制线路的工作原理

在实际应用中，通常采用时间继电器自动控制完成对 Y-△ 的切换，实现自动降压启动控制，如图 5-7 所示。其控制过程如图 5-8 所示。

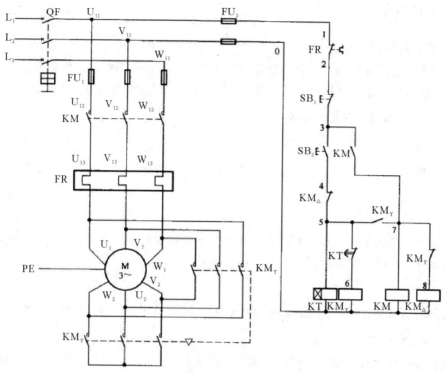

图 5-7 时间继电器控制 Y-△降压启动控制线路

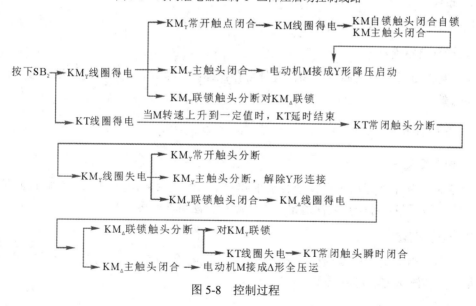

图 5-8 控制过程

5.4 操作指导

5.4.1 绘制原理图

根据控制要求绘制时间继电器控制 Y-△降压启动控制线路如图 5-7 所示。

5.4.2　安装电路

1. 检查元器件

根据表 5-1 配齐元器件，并检查元器件的规格是否符合要求以及检测元器件的质量是否良好。在本项目中需要检测的元器件有热继电器，交流接触器、电动机。

2. 元器件布局、安装与配线

1) 元器件的布局

元器件布局时要参照接线图进行，若与接线图中所标示的元器件不同，则应该按照实际情况布局。

2) 元器件的安装

元器件安装时每个元器件要摆放整齐，上下左右要对正，间距要均匀。拧螺丝钉时一定要加弹簧垫，而且松紧适度。

3) 配线

配线时要严格按配线图配线，不能丢、漏，同时要穿好线号并使线号方向一致。

3. 固定元器件

按照绘制的接线图固定元器件，可参照图 3-7。

4. 布线

按照安装工艺的标准布线。

5. 检查电路连接

检查电路连接时应对照接线图检查是否存在掉线、错线，是否编漏、编错线号，接线是否牢固等。

5.4.3　通电前的检测

1. 电阻测量法

测量时，首先将万用表选择至合适的挡位 (一般为 $R \times 100\,\Omega$ 挡)，然后按照控制电路输出的线号顺序对各个点依次测量。具体测量方法可参照图 3-15。

2. 电压测量法

测量时，首先将万用表选择合适的挡位 (交流电压 500V)，然后根据电压的走向，依次测量。具体测量方法可参照图 3-16。

5.4.4　通电试车

为保证人身安全，在通电试车时，要认真执行安全操作规程的有关规定，一人监护，一人操作。试车前，应检查与通电试车有关的电气设备是否有不安全的因素存在，若查出应该立即整改，然后方能试车。

(1) 通电试车前，由指导老师接通三相电源 L_1、L_2、L_3，并且要在现场监护。

(2) 当按下点动按钮开关时，观察接触器动作情况是否正常，线路功能是否符合要求，电气元件的动作是否灵活，有无卡阻及噪声过大等现象，电动机运行情况是否正常等。

(3) 通电试车完毕，停转后切断电源。先拆除三相电源线，再拆除电动机。

(4) 如有故障，应该立即切断电源，分析原因并检查电路，直至达到项目拟定的要求。若需要带电检查时，必须在老师现场监护下进行。

5.5 质量评价标准

本项目的质量考核要求及评分标准如表 5-6 所示。

表 5-6 质量评价表

考核项目	考核要求	配分	评 分 标 准	扣分	得分	备注
元件的检查	对电路中所使用的元件进行检测	10	电气元件错检、漏检，扣 1 分 / 个			
元件的安装	1. 会安装元件 2. 按照图完整、正确及规范地接线 3. 按照要求编号	30	1. 元件松动，扣 2 分 / 处；有损坏，扣 4 分 / 处 2. 错、漏线，扣 2 分 / 根 3. 元件安装不整齐、不合理，扣 3 分 / 个			
线路的连接	1. 安装控制线路； 2. 安装主电路。	20	1. 未按照线路接线图布线，扣 15 分 2. 接点不符合要求，扣 1 分 / 个 3. 损坏连接导线的绝缘部分，扣 5 分 / 个 4. 接线压胶、反圈、芯线裸露过长，扣 1 分 / 处 5. 漏接接地线，扣 5 分 / 处			
通电试车	调试、运行线路	40	1. 第一次试车不成功，扣 25 分 2. 第二次试车不成功，扣 30 分 3. 第三次试车不成功，扣 35 分			
安全生产	自觉遵守安全文明生产规程	10	1. 每违反一项规定，扣 3 分 2. 发生安全事故，按 0 分处理			
时间	2 小时	—	1. 提前正确完成，每 5 分钟加 2 分 2. 超过定额时间，每 5 分钟扣 2 分			

5.6 知 识 进 阶

5.6.1 延边△降压启动控制线路

延边△降压启动控制线路是指电动机启动时，把定子绕组的一部分接成△，另一部分接成 Y，使整个绕组接成延边△，等电机启动后，再把定子绕组改接成△全压运行。如图 5-9 所示为电动机采用延边△降压启动时定子绕组的状态变化；如图 5-10 所示为延边△降压启动控制线路的原理图。

(a) 原始状态　　　　　　　(b) 启动时状态　　　　　　(c) 运行状态时

图 5-9　定子绕组状态变化

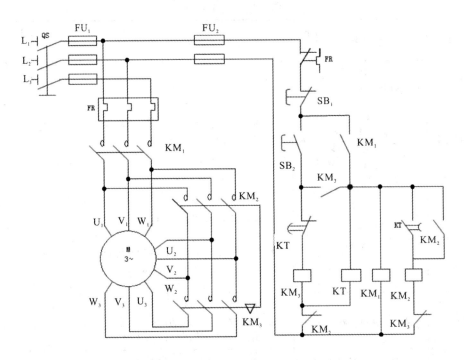

图 5-10　延边△降压启动控制线路的原理图

控制过程如下：

按下 SB_2 启动按钮，KM_3 线圈得电，KM_3 联锁触头分断，对 KM_2 联锁，KM_3 主触头闭合，电动机定子绕组成延边三角形（△），KM 动合辅助触头闭合，KM_1 线圈得电，KM_1 自锁触头闭合自锁。

松开 SB_2 按钮，KM_1 主触头闭合，电动机延边三角形降压启动，KT 线圈得电开始计时；定时时间一到，KT 延时断开的动断触头延时分断，KM_3 线圈失电，KT 延时闭合的动合触头延时闭合，KM_2 线圈得电，KM_3 线圈失电，KM_3 动合触头分断，KM_3 主触头分断，电动机失电惯性运行，KM_2 线圈得电 KM_2 自锁触头闭合，自锁；KM_2 主触头闭合，电动机全电运行，同时，KM_2 联锁触头断开，KT 线圈失电，KT 触头复位。

按下 SB_1 按钮，整个电路停止运行。

本项目所需工具和设备如表 5-7 所示。

表 5-7 工具和设备清单

序号	分类	名称	型号规格	数量	单位	备注
1	工具	常用电工工具	—	1	套	—
2		万用表	MF-47F	1	台	—
3	元器件	交流接触器	CJ20-10	3	个	—
4		热继电器	JR20-10L	1	个	—
5		三相电源插头	16A	1	个	—
6		三相异步电动机	Y 系列 80-4	1	台	—
7		时间继电器	JS7-1A	1	个	—
8		按钮开关	LA4-3H	1	组	—

5.6.2 讨论

小组成员之间、小组与小组之间相互讨论在安装电路过程中的一些心得体会，并总结出一些安装技巧、经验和方法。

练 习 题

1. 电动机常用启动方法有哪几种？各有何特点？
2. 画出 Y-△降压启动控制线路图。

项目六

三相异步电动机顺序启动控制线路

技能目标

1. 能够设计电气原理图。
2. 能够正确安装三相异步电动机顺序启动控制线路。
3. 能够对电路中常见故障进行分析、排除。

知识目标

1. 掌握三相异步电动机顺序启动控制线路的工作原理。
2. 进一步熟悉电气原理图绘制原则与方法。

课程思政与素质

通过对三相异步电动机顺序启动控制线路的学习，加强对学生进行理想信念教育、艰苦奋斗教育、三观教育，培养迎难而上的攻坚克难精神和家国情怀，增强学好技术、报效祖国的爱国意识。

6.1 项 目 任 务

本项目为三相异步电动机顺序启动控制线路，项目主要内容如表 6-1 所述。

表 6-1　项目六的主要内容

项目内容	1. 掌握三相异步电动机顺序启动控制线路的工作原理 2. 熟悉电气原理图的绘制原则与方法 3. 能够正确安装三相异步电动机顺序启动控制线路 4. 能够对电路中的常见故障进行分析、排除
重点难点	1. 电气原理图设计 2. 元器件布局与线路布局设计 3. 电路故障分析与排除

参考的相关文件	1. GB/T 13869—2017《用电安全导则》 2. GB 19517—2009《国家电气设备安全技术规范》 3. GB/T 25295—2010《电气设备安全设计导则》 4. GB 50150—2016《电气装置安装工程 电气设备交接试验标准》 5. GB 7159—1987《电气技术中的文字符号制订通则》 6. GB/T 6988.1—2008《电气技术用文件的编制 第1部分：规则》
操作原则与 注意事项	1. 一般原则：方案的设计必须遵循低压线路安装工艺原则；线路图设计必须合理可行 2. 安装过程：在安装过程中，必须遵循 6S 标准；组装电路必须具备安全性高、可靠性强的特点 3. 调试过程：必须对线路进行相关检查，然后经指导老师检查同意后，方可通电试车 4. 故障分析：在对常见故障进行分析和排除时应科学分析、仔细检查；在自我确实无法排除故障时，方可请教指导老师

▶ 项目导读

　　在一些生产机械中，通常都是由多台电动机配合工作，完成对生产工艺的要求。在一些车床中，控制的过程不一样，要求电动机的启动顺序、控制的方法也不一样。如 X62W 型万能铣床（如图 6-1 所示）要求主轴电动机启动以后进给电动机才能启动。又如在大型机床中还需要对同一台电动机在不同的地点实现控制，以满足操作方便及实施有效管理的要求。

图 6-1　X62W 型万能铣床

6.1.1 电气原理图绘制任务书

根据项目任务绘制的电气原理任务书如表6-2所述。

表6-2 电气原理图绘制任务书

——学院	低压电器装调指导书	文件编号	
工序号：	工序名称：绘制原理图	版 次	

	作 业 内 容
	绘制原理图
1	按照控制要求绘制原理图（主电路图和控制电路图）
2	按照线路板的大小绘制元件布线图
3	在每个图形符号旁标注文字符号
4	所有按钮、触点均按没有外力作用和没有通电时的原始状态画出
5	该电路采用控制电路实现顺序启动
	使 用 工 具
	万用表、尖嘴钳、剥线钳、一字螺丝刀、十字螺丝刀、试电笔、镊子、电工刀
	工艺要求（注意事项）
1	各电气元件的图形符号和文字符号必须与电气原理图一致，并符合国家标准
2	原理图中各电气元件和部件在控制线路中的位置，应根据便于阅读的原则安排；同一电气元件的各个部件可以不画在一起
3	电气元件的布置应考虑整齐、美观、对称；外形尺寸与结构类似的电气元件安装在一起，以利于安装和配线
4	熟悉 GB/T 69881—2008《电气技术用文件的编制　第1部分：规则》
5	熟悉 GB 7159—1987《电气技术中的文字符号制定通则》

主电路和控制电路图

更改标记		编 制		审 核	
更改人签名		批 准		生产日期	

6.1.2 列出元件清单并检测相关器件任务书

根据任务清单列出元件清单并检测相关器件，任务书如表 6-3 所述。

表 6-3 列出元件清单并检测相关器件任务书

—— 学院			文件编号	
			版 次	

工序名称：列出元件清单并检测相关器件

低压电器装调指导书

工序号：

元件清单列表

序号	名称	型号与规格	单位	数量
1	电工常用工具	万用表、尖嘴钳、剥线钳、十字螺丝刀、一字螺丝刀、试电笔、镊子、电工刀等	套	1
2	万用表	FM-47F	台	1
3	兆欧表	ZC25-4	台	1
4	三相异步电动机	DQ10-100W-220V	台	1
5	交流接触器	CJT0-10	个	2
6	热继电器	JR36-20	个	2
7	按钮	LA4-3H	只	2
8	端子排	—	节	若干
9	导线	2.5 mm² (1.5 mm²)	m	若干

文件编号	
版 次	

序号	作 业 内 容
1	根据原理图列出元件清单明细表
2	根据控制的需要，选择元件具体型号
3	用相关仪表对所用器件好坏进行检测
4	检查电动机使用的电源电压和绕组的接法是否与铭牌上规定的相一致
5	根据原理图选择控制电路和主电路连接线线径的大小

使用工具

万用表、尖嘴钳、剥线钳、一字螺丝刀、十字螺丝刀、试电笔、镊子、电工刀

工艺要求（注意事项）

1	测量 KM 主触头和辅助常开触头时，用 R×1 挡，其阻值接近于零则正常；测量 KM 常闭触头时，用 R×1k 或者 R×10k 挡，其阻值为∞则正常；测量 KM 线圈时，用 R×10 或者 R×100 挡位，所测阻值应该在 500 Ω 左右为正常
2	测量 FR 热元件时，用 R×1 挡位对热元件和常闭触头进行测量，其阻值接近于零则正常；对常开触头则采用 R×1k 或者 R×10k 挡，其阻值为∞则正常
3	对三相异步电动机好坏进行测量时，要对相间绝缘电阻，对地绝缘电阻，三相绕组通路和定子绕组直流电阻进行测量
4	按钮开关常开端用 R×1 挡，其阻值接近于零则正常；常闭端用 R×1k 或者 R×10k 挡位测量，其阻值为∞则正常

编 制		审 核	
批 准			
生产日期			

更改标记	
更改人签名	

1. 接触器的检测　　2. 热继电器的检测　　3. 按钮开关的检测

6.1.3 元件的固定及线路的安装任务书

元件的固定及线路的安装任务书如表 6-4 所述。

表 6-4 元件的固定及线路的安装任务书

学院 ————	低压电器装调指导书	文件编号	
工序号：	工序名称：元件的固定及线路的安装	版次	

1. 元件摆放　2. 热继电器的固定　3. 接触器的固定　4. 端子排的固定

	作 业 内 容
1	按照元件布置图固定相关器件，固定元件时，每个元件要摆放整齐，上下左右要对正，间距要均匀
2	根据原理图合理地布线，接线时必须先接负载端，后接电源；先接地线，后接三相电源相线
3	连接线路时，羊眼圈要以顺时针方向整理，走线的过程中，尽量避免交叉；严格按照安装工艺的要求组装
4	每根连接线一定要按照线号方向穿好线号管，出现故障时便于检测，排除
5	任何开关接线端、弹簧垫一定要加上；有多根线接出时，应掌握好力度

使 用 工 具

万用表、尖嘴钳、剥线钳、一字螺丝刀、十字螺丝刀、试电笔、镊子、电工刀

	工艺要求（注意事项）
1	通电试车前，必须把在组装电路时产生的断线、残线及相关工具清理掉然后由指导老师接通三相电源 L_1、L_2、L_3，并且要在现场监护
2	当按下点动按钮开关时，观察接触器动作情况是否正常，是否符合线路功能要求，电气元件的动作是否灵活，有无卡阻现象、电动机运行情况是否正常等
3	通电试车完毕，停转后切断电源。先拆除三相电源线，再拆除电动机
4	清理现场并记录相关数据
5	检测线路或故障排除时，采用电阻法或电压法

		编制		审核	
更改标记		批准			
更改人签名		生产日期			

6.2 项目准备

6.2.1 任务流程图

三相异步电动机顺序启动控制(也称为顺启逆停控制)线路装调流程图如图 6-2 所示。

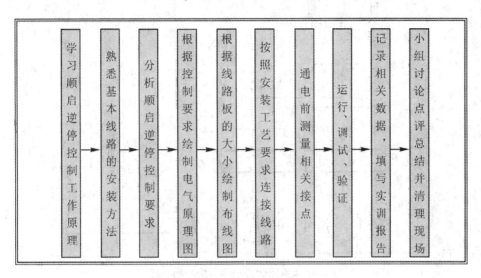

图 6-2 任务流程图

6.2.2 环境设备

本项目所需工具和设备如表 6-5 所示。

表 6-5 工具和设备清单

序号	分类	名称	型号规格	数量	单位	备注
1	工具	常用电工工具	—	1	套	—
2		万用表	MF-47F	1	台	—
3	元器件	交流接触器	CJ20-10	2	个	—
4		热继电器	JR20-10L	2	个	—
5		三相电源插头	16A	1	个	—
6		三相异步电动机	Y 系列 80-4	2	台	—
7		按钮开关	LA4-3H	2	组	—

6.3 背景知识

顺序启动控制可以在控制电路中实现,也可以在主电路中实现,下面我们分别对其进行分析。

1. 采用主电路实现顺序启动控制

主电路实现顺序启动控制原理图如图 6-3 所示。

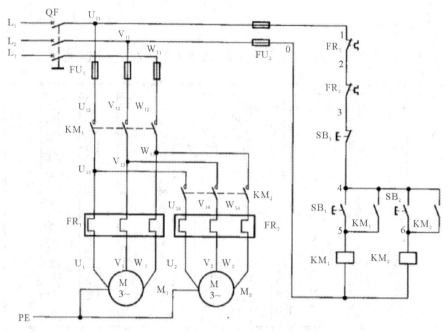

图 6-3 主电路实现顺序启动控制原理图

控制过程分析：按下启动按钮 SB_1 时，KM_1 线圈得电，KM_1 主触头闭合，电动机 M_1 启动运转，同时 KM_1 自锁触头闭合自锁；接着按下 SB_2 时，KM_2 线圈得电，KM_2 主触头闭合，电动机 M_2 启动运转，同时 KM_2 自锁触头闭合自锁；按下停止按钮 SB_3 时，两台电动机同时停转。

2. 采用控制电路实现顺序启动控制

控制电路实现顺序启动控制主电路和控制电路如图 6-4 所示。

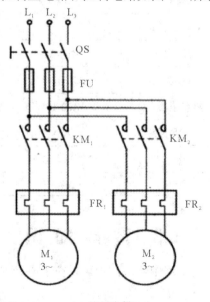

(a) 主电路图

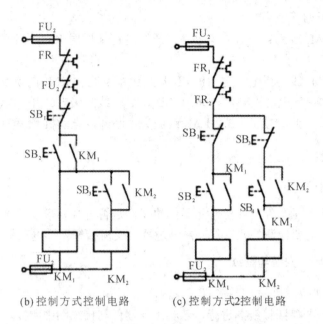

(b) 控制方式控制电路　　(c) 控制方式2控制电路

图 6-4　控制电路实现顺序启动控制主电路和控制电路图

控制过程分析：图 6-4(b) 的控制过程与图 6-3 的控制过程完全一样；而图 6-4（c）中的 M_2 电动机在 M_1 电动机正常运行的情况下，可以通过 SB_4 按钮启动，还可以通过 SB_3 按钮实现单独停止。

6.4　操 作 指 导

6.4.1　绘制原理图

根据控制要求绘制三相异步电动机顺序启动控制线路，如图 6-5 所示。

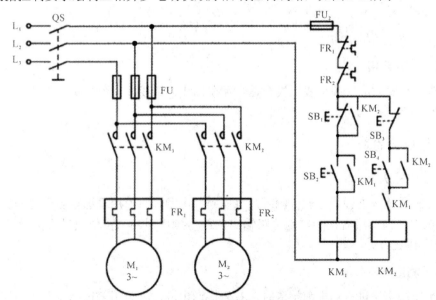

图 6-5　三相异步电动机顺序启动控制线路原理图

控制过程分析如下：

按下 SB_2，KM_1 线圈得电，电动机 M_1 开始运行；同时 KM_1 自锁触点自锁，KM_1 常开触点闭合。

按下 SB_4，KM_2 线圈得电，电动机 M_2 开始运行；同时 KM_2 自锁线圈自锁（要停止电动机 M_1，必须先将 M_2 电动机停止），按下 SB_3，KM_2 线圈失电断开，电动机 M_2 停止运行，KM_2 自锁触头断开，此时按下 SB_1，KM_1 线圈失电断开，电动机 M_1 停止运行。

6.4.2　安装电路

1. 检查元器件

根据表 6-1 配齐元器件，并检查元器件的规格是否符合要求以及检测元件的质量是否良好。在本项目中需要检测的元器件有热继电器，交流接触器、电动机。

2. 元器件布局、安装与配线

1) 元器件的布局

元器件布局时要参照接线图进行，若实际元器件与接线图中所提示的元器件不同，则应该按照实际情况布局。

2) 元器件的安装

安装元器件时每个元器件要摆放整齐，上下左右要对正，间距要均匀。特别是在按钮开关内部接线端，拧螺丝钉时一定要加弹簧垫，而且松紧适度。

3) 配线

配线时要严格按照配线图配线，不能丢、漏，同时要穿好线号并使线号方向一致。

3. 固定元器件

按照绘制的接线图固定元器件。

4. 布线

按照安装工艺的标准布线。

5. 检查电路连接

检查电路连接时应对照接线图检查是否存在掉线、错线，是否编漏、编错线号，接线是否牢固等。

6.4.3　通电前的检测

1. 电阻测量法

采用电阻测量法进行通电前检测时，首先断开电源，将万用表选择至合适的挡位（一般为 $R×100\Omega$ 挡），然后按照控制电路输出的线号顺序对各个点依次进行测量。具体测量方法可参照图 3-15。

2. 电压测量法

采用电压测量法进行通电前检测时，首先接通电源，将万用表选择在合适的挡位（交流电压 500 V)，然后根据电压的走向，依次测量。具体测量方法可参照图 3-16。

6.4.4 通电试车

为保证人身安全，在通电试车时，要认真执行安全操作规程的有关规定，一人监护，一人操作。试车前，应检查与通电试车有关的电气设备是否有不安全的因素存在，若查出应该立即整改，然后方能试车。

(1) 通电试车前，由指导老师接通三相电源 L_1、L_2、L_3，并且要在现场监护。

(2) 当按下点动按钮开关时，观察接触器动作情况是否正常，线路功能是否符合要求，电气元件的动作是否灵活，有无卡阻及噪声过大等现象，电动机运行情况是否正常等。

(3) 通电试车完毕，停转后切断电源。先拆除三相电源线，再拆除电动机。

(4) 如有故障，应该立即切断电源，分析原因并检查电路，直至达到项目拟定的要求。若需要带电检查时，必须在老师现场监护下进行。

6.5 质量评价标准

本项目的质量考核要求及评分标准如表 6-6 所示。

表 6-6 质量评价表

考核项目	考核要求	配分	评分标准	扣分	得分	备注
元件的检查	对电路中所使用的元件进行检测	10	电气元件错检、漏检，扣 1 分 / 个			
元件的安装	1. 会安装元件 2. 按照图完整、正确及规范地接线 3. 按照要求编号	30	1. 元件松动，扣 2 分 / 处；有损坏，扣 4 分 / 处 2. 错、漏线，扣 2 分 / 根 3. 元件安装不整齐、不合理，扣 3 分 / 个			
线路的连接	1. 安装控制线路 2. 安装主电路	20	1. 未按照线路接线图布线，扣 15 分 2. 接点不符合要求，扣 1 分 / 个 3. 损坏连接导线的绝缘部分，扣 5 分 / 个 4. 接线压胶、反圈、芯线裸露过长，扣 1 分 / 处 5. 漏接地线，扣 5 分 / 处			
通电试车	调试、运行线路	40	1. 第一次试车不成功，扣 25 分 2. 第二次试车不成功，扣 30 分 3. 第三次试车不成功，扣 35 分			
安全生产	自觉遵守安全文明生产规程	10	1. 每违反一项规定，扣 3 分 2. 发生安全事故，按 0 分处理			
时间	2 小时		1. 提前正确完成，每 5 分钟加 2 分 2. 超过定额时间，每 5 分钟扣 2 分			

6.6　知识进阶

6.6.1　多地控制线路

在机械生产中，根据控制、管理的需要，要对一台电动机实现多个地方控制。实现这种控制的控制线路适用于大型设备，具有多点启动、多点停止，效率高、安全性好的特点。下面介绍如何实现这种控制线路。如图 6-6 所示为多地控制线路原理图。

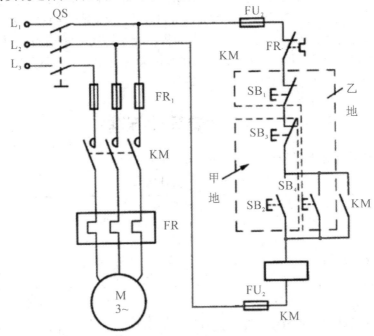

图 6-6　多地控制线路原理图

控制过程分析如下：

当按下 SB_2 或者按下 SB_4 时，KM 线圈都能够得电，电动机 M 开始运行，同时 KM 自锁触点自锁，此时，无论是按下 SB_1 或是 SB_3，都可以使得 KM 线圈失电断开，导致电动机 M 停止运行，同时 KM 自锁触点断开。

本项目所需工具和设备如表 6-7 所示。

表 6-7　工具和设备清单

序号	分类	名称	型号规格	数量	单位	备注
1	工具	常用电工工具	—	1	套	—
2		万用表	MF-47F	1	台	—
3	元器件	交流接触器	CJ20-10	1	个	—
4		热继电器	JR20-10L	1	个	—
5		三相电源插头	16A	1	个	—
6		三相异步电动机	Y 系列 80-4	1	台	—
7		按钮开关	LA4-3H	2	组	—

6.6.2　多地控制线路的安装调试

多地控制线路的调试方法可参照项目二有关内容进行。

6.6.3　讨　论

小组成员之间、小组与小组之间相互讨论在安装电路过程中的一些心得体会，并总结出一些安装技巧、经验和方法。

练　习　题

1. 如何用最少的器件实现顺序启动逆序停止控制？
2. 说明多地控制与连续运行控制的区别有哪些？

三相异步电动机调速控制线路

▶ 技能目标

1. 能够设计电气原理图。
2. 能够进行元器件布局与线路布局设计。
3. 能够对三相异步电动机双速控制线路的组装与调试。
4. 能够对三相异步电动机双速控制线路常见故障进行检修。

▶ 知识目标

1. 掌握三相异步电动机常见调速方法。
2. 掌握电气原理图绘制原则与方法。
3. 掌握元器件布局与线路布局设计。
4. 掌握电路故障分析与排除。

▶ 课程思政与素质

1. 通过对三相异步电动机调速控制线路的学习，加强理想信念教育、艰苦奋斗的情操教育、三观教育，培养迎难而上的攻坚克难精神。
2. 通过对三相异步电动机调速控制线路的电气原理图的设计、元器件布局的设计、线路布局的设计，培养严谨认真、精益求精、追求完美的工匠精神。

7.1　项　目　任　务

本项目为三相异步电动机调速控制线路，项目主要内容如表 7-1 所述。

表 7-1　项目七的主要内容

项目内容	1. 掌握三相异步电动机常见调速方法 2. 能够对三相异步电动机调速原理进行分析 3. 掌握三相异步电动机双速控制线路的组装、调试 4. 完成对三相异步电动机双速控制线路常见故障的检修
重点难点	1. 电气原理图设计 2. 元器件布局与线路布局设计 3. 电路故障分析与排除

续表

参考的相关文件	1. GB/T 13869—2017《用电安全导则》 2. GB 19517—2009《国家电气设备安全技术规范》 3. GB/T 25295—2010《电气设备安全设计导则》 4. GB 50150—2016《电气装置安装工程 电气设备交接试验标准》 5. GB 7159—1987《电气技术中的文字符号制订通则》 6. GB/T 6988.1—2008《电气技术用文件的编制 第 1 部分：规则》
操作原则与注意事项	1. 一般原则：方案的设计必须遵循低压线路安装工艺原则；线路图设计必须合理 2. 安装过程：在安装过程中，必须遵循 6S 标准；组装电路必须具备安全性高、可靠性强的特点 3. 调试过程：必须对线路进行相关检查，然后经指导老师检查同意后，方可通电试车 4. 故障分析：在对常见故障进行分析和排除时应科学分析、仔细检查；在自我确实无法排除故障时，方可请教指导老师

▶项目导读

　　电动机的调速控制在生产机械设备中应用比较广泛。目前，改变三相异步电动机的转速可通过变极、变频、变转差率等方法来实现。其中变极调速是机床设备电动机的主要调速方法 (例如双极异步电动机常采用变极调速)，在金属切削机床（如图 7-1 所示）上用得较多。

图 7-1 金属切削机床

7.1.1 电气原理图绘制任务书

根据项目任务绘制的电气原理图任务书如表7-2所述。

表7-2 电气原理图绘制任务书

学院	——	文件编号	
工序号：		版次	
工序名称：低压电器装调指导书			

	作 业 内 容	
1	按照控制要求绘制原理图（主电路图和控制电路图）	
2	按照线路板的大小绘制元件布线图	
3	在每个图形符号旁标注文字符号	
4	所有按钮、触点均按没有外力作用和没有通电时的原始状态画出	

	使 用 工 具	
	万用表、尖嘴钳、剥线钳、十字螺丝刀、试电笔、镊子、电工刀	

	工 艺 要 求（注意事项）	
1	各电气元件图形符号和文字符号必须与电气原理图一致，并符合国家标准	
2	原理图中各电气元件和部件在控制线路中的位置，应根据便于阅读的原则安排；同一电气元件的各个部件可以不画在一起	
3	电气元件的布置应考虑整齐、美观、对称；外形尺寸与结构类似的电气元件安装在一起，以利安装和配线	
4	熟悉 GB/T 6988.1—2008《电气技术用文件的编制 第1部分：规则》	
5	熟悉 GB 7159—1987《电气技术中的文字符号制定通则》	

绘制原理图

（电气原理图：包含 QS、FU、FR$_1$、FR$_2$、SB$_1$、SB$_2$、SB$_3$、KM$_1$、KM$_2$、KM$_3$ 等元件；主电路和控制电路图，电动机 M 3~，低速(△)、高速(Y)，端子 U$_{11}$、V$_{11}$、W$_{11}$、U$_{12}$、V$_{12}$、W$_{12}$、U$_{13}$、V$_{13}$、W$_{13}$、U$_{14}$、V$_{14}$、W$_{14}$，PE）

主电路和控制电路图

编制		审核	
批准		生产日期	
更改标记			
更改人签名			

7.1.2 列出元件清单并检测相关器件任务书

列出元件清单并检测相关器件任务书如表7-3所示。

表7-3 列出元件清单并检测相关器件任务书

	学院		文件编号	
	工序号： 工序名称：低压电器装调指导书		版 次	

元件清单列表

序号	名称	型号与规格	单位	数量
1	电工常用工具	万用表、尖嘴钳、剥线钳、一字螺丝刀、十字螺丝刀、试电笔、镊子、电工刀等	套	1
2	万用表	FM-47F	台	1
3	兆欧表	ZC25-4	台	1
4	三相异步电动机	DQ10-100W-220V	台	1
5	交流接触器	CJT0-10	个	3
6	热继电器	JR36-20	个	1
7	按钮	LA4-3H	只	1
8	凸轮控制器	KTJ1-50/2	个	1
9	启动电阻器	2K1-12-6/1	只	3
10	端子排	—	节	若干
11	导线	2.5 mm² (1.5 mm²)	m	若干

序号	作业内容
1	根据原理图列出元件清单明细表
2	根据控制的需要，选择元件具体型号
3	用相关仪表对所用器件好坏进行检测
4	检查电动机使用的电源电压和绕组的接法是否与铭牌上规定的相一致
5	根据原理图合理选择控制电路和主电路连接线径的大小

使用工具

万用表、尖嘴钳、剥线钳、一字螺丝刀、十字螺丝刀、试电笔、镊子、电工刀

工艺要求（注意事项）

1	测量 KM 主触头和辅助常开触头时，用 $R \times 1$ 挡，其阻值接近于零则正常；测量 KM 常闭触头时，用 $R \times 1k$ 挡或者 $R \times 10k$ 挡，其阻值为∞则正常；测量 KM 线圈时，用 $R \times 10$ 或者 $R \times 100$ 挡位，所测阻值应该在 500 Ω 左右为正常
2	测量 FR 热元件时，用 $R \times 1$ 挡应对热元件和常闭触头进行测量，其阻值接近于零为正常；对常开触头则采用 $R \times 1k$ 或者 10k 挡，其阻值为∞则正常
3	对三相异步电动机好坏进行测量，要对相间绝缘电阻、对地绝缘电阻、三相绕组通路和定子绕组直流电阻值进行测量

编 制		审 核	
批 准		生产日期	

更改标记	
更改人签名	

1. 接触器的检测　　2. 热继电器的检测　　3. 按钮开关的检测

7.1.3 元件的固定及线路的安装任务书

元件的固定及线路安装任务书如表 7-4 所述。

表 7-4 元件的固定及线路的安装

学院		文件编号	
		版　次	
工序号：	工序名称：元件的固定及线路的安装	低压电器装调指导书	

1. 接触器的固定　2. 热继电器的固定　3. 组装电路 a
4. 组装电路 a　5. 组装电路 c　组装电路 a

作业内容	
1	按照元件布置图固定相关器件，固定元件时，每个元件要摆放整齐，上下左右要对正，间距要对匀
2	根据原理图，合理地布线，接线时必须接通负载端后接电源，先接地线后接三相电源相线
3	连接线路时，羊眼圈要以顺时针方向整形，走线的过程中，尽量避免交叉；严格按照安装工艺的要求组装
4	每根连接线一定要按照线号方向穿好线号管，出现故障时便于检测、排除
5	在开关接线端、弹簧垫一定要加上；有多根线接出时，掌握好力度，防止用力过大而胀脱
使用工具	万用表、尖嘴钳、剥线钳、一字螺丝刀、十字螺丝刀、试电笔、镊子、电工刀
工艺要求（注意事项）	
1	通电试车前，必须把在组装电路时产生的断线、残线及相关工具清理掉，然后由指导老师接通三相电源 L_1、L_2、L_3，并且要在现场监护
2	当按下启动按钮开关时，观察接通情况是否正常，是否符合线路功能要求，电气元件的动作是否灵活，有无卡阻现象、电动机运行情况是否正常及噪声过大等现象
3	通电试车完毕，停转后切断电源。先拆除三相电源线，再拆除电动机
5	检测线路或故障排除时采用电阻法或电压法；清理现场并记录好相关数据

批准		编制	
生产日期		审核	

更改标记			
更改人签名			

7.2 项 目 准 备

7.2.1 任务流程图

三相异步电动机点动与连续运行控制线路的装调流程图如图 7-2 所示。

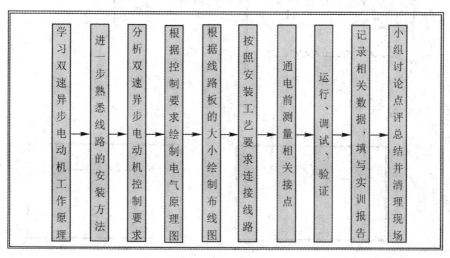

图 7-2 任务流程图

7.2.2 环境设备

本项目所需工具和设备如表 7-5 所示。

表 7-5 工具和设备清单

序号	分类	名称	型号规格	数量	单位	备注
1	工具	常用电工工具	一	1	套	一
2		万用表	MF-47F	1	台	一
3	元器件	交流接触器	CJ20-10	3	个	一
4		热继电器	JR20-10L	2	个	一
5		三相电源插头	16A	1	个	一
6		三相异步电动机	Y 系列 80-4	1	台	一
7		按钮开关	LA4-3H	1	组	一

7.3 背 景 知 识

双速异步电动机定子绕组的 △ /Y 连接图如 7-3 所示。图中三个定子绕组接成 △形，由 3 个连接点接出 3 个出线端 U_1、V_1、W_1，从每相绕组的中点各接出一个出线端 U_2、V_2、W_2，组成定子绕组的 6 个出线端，通过改变 6 个出线端与电源的连接方式，从而得到两种不同的转速。

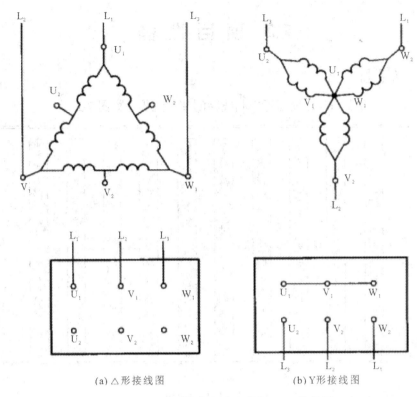

(a) △形接线图　　　　　　　　　　　(b) Y形接线图

图 7-3　双速电动机三相定子绕组△/Y 接线图

电动机低速工作时，三相电源分别接在出线端 U_1、V_1、W_1 上，另外 3 个出线端 U_2、V_2、W_2 空着不接，如图 7-3(a) 所示。此时电动机定子绕组接成△形，磁极为 4 极，同步转速为 1500 r/min。

电动机高速工作时，要把三个出线端 U_1、V_1、W_1 并接在一起，三相电源分别接到另外三个出线端 U_2、V_2、W_2 上，如图 7-3(b) 所示。这时电动机定子绕组接成 Y 形，磁极为两极，同步转速 3000 r/min。可见双速电动机高速运转时是低速运转时的两倍。

双速异步电动机控制线路可用接触器实现，也可用时间继电器来实现，下面我们分别对其进行分析。

1. 采用接触器实现双速异步电动机控制

接触器控制双速异步电动机电路图如 7-4 图所示。

控制过程分析如下：

按下 SB_1，SB_1 常闭触头分断，KM_1 线圈得电，电动机接成△形低速运行，KM_1 辅助常开触头闭合，KM_1 辅助常闭触头断开，对 KM_2、KM_3 进行联锁。

按下 SB_2 时，SB_2 常闭触头分断，KM_2 线圈得电，KM_2 主触头闭合，KM_2 辅助常开触头闭合，KM_2 辅助常闭触头断开联锁；同时，KM_3 线圈得电，KM_3 主触头闭合，电动机接成 Y 形高速运行，KM_3 常开触头闭合自锁，KM_3 辅助常闭触头断开联锁。

2. 采用时间继电器实现双速异步电动机控制

时间继电器控制双速电动机电路如图 7-5 所示。

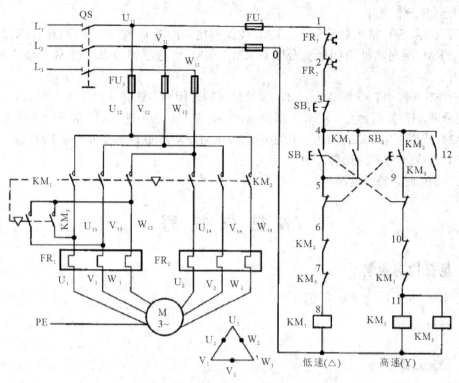

图 7-4　接触器控制双速电动机电路图

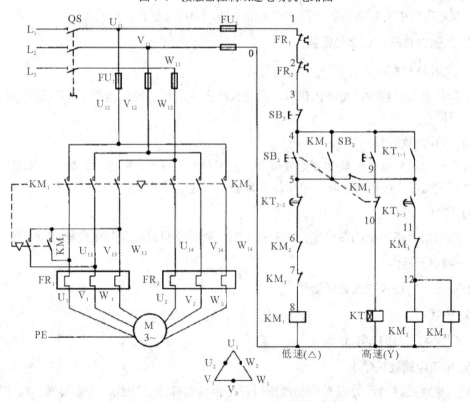

图 7-5　时间继电器控制双速电动机电路图

控制过程分析如下：

按下 SB_1，SB_1 常闭触头分断，KM_1 线圈得电，KM_1 自锁触头闭合自锁，KM_1 主触头闭合，KM_1 两对辅助常闭触头分断对 KM_2、KM_3 进行联锁，电动机 M 接成△形低速启动运行。

按下 SB_2 时，KT 线圈得电，KT_{1-1} 常开触头瞬时闭合自锁并开始计时，计时时间到后，KT_{2-2} 先分断，KT_{3-3} 后闭合，KM_1 线圈失电，KM_1 常开触头分断，KM_1 常闭触头恢复闭合，KM_2、KM_3 线圈得电，KM_2、KM_3 主触头闭合，KM_2、KM_3 联锁触头分断对 KM_1 进行联锁，电动机 M 接成 Y 形高速运转。

按下 SB_3 时，整个电路停止。

7.4 操 作 指 导

7.4.1 电路图的绘制

根据图 7-3 所示绘制电路图。

7.4.2 安装电路

1. 检查元器件

根据表 7-1 配齐元器件，并检查元件的规格是否符合要求以及检测元器件的质量是否良好。在本项目中需要检测的元器件有热继电器，交流接触器、电动机。

2. 元器件布局、安装与配线

1）元器件的布局

元器件布局时要参照接线图进行，若与接线图中所标示的元器件不同，则应该按照实际情况布局。

2）元器件的安装

元器件安装时每个元器件要摆放整齐，上下左右要对正，间距要均匀。特别是在按钮开关内部接线端，拧螺丝钉时一定要加弹簧垫，而且松紧适度。

3）配线

配线时要严格按配线图配线，不能丢、漏，同时要穿好线号并使线号方向一致。

3. 固定元器件

按照绘制的接线图固定元器件。

4. 布线

按照安装工艺的标准布线。

5. 检查电路连接情况

检查电路连接情况时应对照接线图检查是否存在掉线、错线，是否编漏、编错线号，接线是否牢固等。

7.4.3 通电前的检测

1. 电阻测量法

采用电阻测量法进行通电前检测时，首先断开电源，将万用表选择至合适的挡位 (一般为 R×100Ω 挡)，然后按照控制电路输出的线号顺序对各个点依次测量。具体测量方法可参照图 3-15。

2. 电压测量法

采用电压测量法进行通电前检测时，将万用表选择合适的挡位 (交流电压 500 V)，然后根据电压的走向，依次测量。具体测量方法可参照图 3-16。

7.4.4 通电试车

为保证人身安全，在通电试车时，要认真执行安全操作规程的有关规定，一人监护，一人操作。试车前，应检查与通电试车有关的电气设备是否有不安全的因素存在，若查出应该立即整改，然后方能试车。

(1) 通电试车前，由指导老师接通三相电源 L_1、L_2、L_3，并且要在现场监护。

(2) 当按下点动按钮开关时，观察接触器动作情况是否正常，线路功能是否符合要求，电气元件的动作是否灵活，有无卡阻及噪声过大等现象，电动机运行情况是否正常等。

(3) 通电试车完毕，停转后切断电源。先拆除三相电源线，再拆除电动机。

(4) 如有故障，应该立即切断电源，要求学生独立分析原因并检查电路，直至达到项目拟定的要求。若需要带电检查时，必须在老师现场监护下进行。

7.5 质量评价标准

本项目的质量考核要求及评分标准如表 7-6 所示。

表 7-6 质量评价表

考核项目	考核要求	配分	评 分 标 准	扣分	得分	备注
元件的检查	对电路中所使用的元件进行检测	10	元件错检、漏检，扣 1 分 / 个			
元件的安装	1. 会安装元件 2. 按照图完整、正确及规范地接线 3. 按照要求编号	30	1. 元件松动，扣 2 分 / 处；有损坏，扣 4 分 / 处 2. 错、漏线，扣 2 分 / 根 3. 元件安装不整齐、不合理，扣 3 分 / 个			
线路的连接	1. 安装控制线路 2. 安装主电路	20	1. 未按照线路接线图布线扣 15 分 2. 接点不符合要求，扣 1 分 / 个 3. 损坏连接导线的绝缘部分，扣 5 分 / 个 4. 接线压胶、反圈、芯线裸露过长，扣 1 分 / 处 5. 漏接接地线，扣 5 分 / 处			

考核项目	考核要求	配分	评分标准	扣分	得分	备注
通电试车	调试、运行线路	40	1. 第一次试车不成功，扣 25 分 2. 第二次试车不成功，扣 30 分 3. 第三次试车不成功，扣 35 分			
安全生产	自觉遵守安全文明生产规程	10	1. 每违反一项规定，扣 3 分 2. 发生安全事故，按 0 分处理			
时间	2 小时		1. 提前正确完成，每 5 分钟加 2 分 2. 超过定额时间，每 5 分钟扣 2 分			

7.6　知　识　进　阶

7.6.1　电动机的制动控制线路

电动机在断开电源以后，会由于惯性而不会立即停止转动，而是需要转动一段时间才会完全停下来。但在起重机的吊钩上或者万能铣床上的控制过程是要求立即停转的。这就对电动机的停止运行提出了新的问题，即要求对电动机进行制动。电动机制动分机械制动和动力制动两类。

1. 机械制动

机械制动是指利用机械装置使电动机断开电源后迅速停转，通常采用的机械制动设备是电磁抱闸制动器。

1) 电磁抱闸制动器

电磁抱闸制动器外形结构与符号如图 7-6 所示。

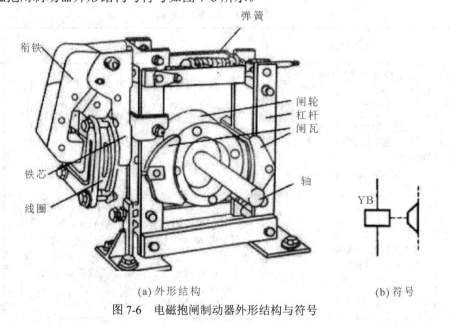

(a) 外形结构　　　　　　　　　　　　　　　(b) 符号

图 7-6　电磁抱闸制动器外形结构与符号

电磁抱闸制动器主要由制动电磁铁、闸瓦制动器组成，其中制动电磁铁又由铁芯、衔铁和线圈组成，闸瓦制动器由闸轮、闸瓦、杠杆和弹簧等部分组成。

2) 电磁抱闸制动器断电制动控制线路

电磁抱闸制动器断电制动控制线路如图 7-7 所示。

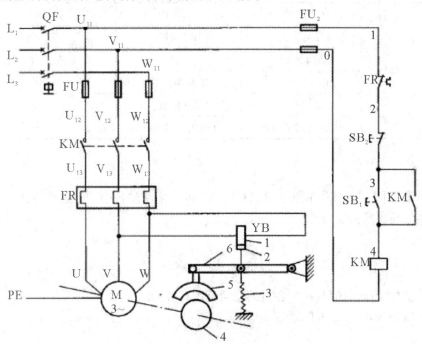

1—线圈；2—衔铁；3—弹簧；4—闸轮；5—闸瓦；6—杠杆

图 7-7　电磁抱闸制动器断电制动控制电路图

控制过程分析如下：

按下启动按钮 SB_1，接触器 KM 线圈得电，其自锁触头和主触头闭合，电动机 M 接通电源，同时电磁抱闸制动器 YB 线圈得电，衔铁和铁芯吸合，衔铁克服弹簧拉力，迫使制动杠杆向上移动，从而使制动器的闸瓦和闸轮分开，电动机正常运转。

按下停止按钮 SB_2 时，接触器 KM 线圈失电，其自锁触头和主触头分断，电动机 M 失电，同时电磁抱闸制动器 YB 线圈失电，衔铁与铁芯分开，在弹簧拉力的作用下，制动器的闸瓦抱住闸轮，使电动机被迅速制动而停转。

2. 电力制动

电力制动是指在切断电动机电源后，电动机在停转的过程中产生一个和电动机实际旋转方向相反的电磁力矩（制动力矩），迫使电动机迅速制动停转。常见的电力制动有反接制动、能耗制动、再生制动和电容制动等。

3. 所需工具和设备

本项目所需工具和设备如表 7-7 所示。

表 7-7　工具和设备清单

序号	分类	名称	型号规格	数量	单位	备注
1	工具	常用电工工具	—	1	套	—
2		万用表	MF-47F	1	台	—
3	元器件	交流接触器	CJ20-10	1	个	—
4		热继电器	JR20-10L	1	个	—
5		三相电源插头	16A	1	个	—
6		三相异步电动机	Y 系列 80-4	1	台	—
7		按钮开关	LA4-3H	1	组	—
8		电磁抱闸制动器	TJ2-100，MDZ1-100	1	个	—

7.6.2　讨论

　　小组成员之间、小组与小组之间相互讨论在安装电路过程中的一些心得体会，并总结出一些安装技巧、经验和方法。

练　习　题

　　1. 常见调速方式有哪几种？各自的适用范围有哪些？
　　2. 试说明不同调速方式的区别。

CA6140 车床故障分析与排除

技能目标

1. 了解 CA6140 车床的基本操作方法及操作手柄的作用。
2. 掌握 CA6140 车床照明及信号灯电路分析。
3. 掌握 CA6140 车床电气线路常见故障分析和排除方法。

知识目标

1. 掌握 CA6140 车床的主要结构与运动形式。
2. 掌握 CA6140 车床的电气控制线路。
3. 掌握 CA6140 车床电气线路故障分析与排除。

课程思政与素质

在 CA6140 车床的主要结构与运动形式的教学过程中，巧妙运用启发性提问和分组讨论形式，激发学生学习的积极性和创造性，并在轻松、自主的学习氛围中潜移默化地对学生进行理想信念教育、艰苦奋斗的情操教育、三观教育，培养迎难而上的攻坚克难精神。

8.1 项 目 任 务

本项目为 CA6140 车床故障分析与排除，项目主要内容如表 8-1 所述。

表 8-1　项目八的主要内容

项目内容	1. CA6140 车床的主要结构与运动形式 2. CA6140 车床的电气控制线路 3. CA6140 车床电气线路故障分析与排除
重点难点	1. CA6140 车床电气控制原理 2. 车床动力、照明线路及接地系统电气故障的排除

续表

参考的相关文件	1. GB/T 13869—2017《用电安全导则》 2. GB 19517—2009《国家电气设备安全技术规范》 3. GB/T 25295—2010《电气设备安全设计导则》 4. GB 50150—2016《电气装置安装工程　电气设备交接试验标准》
操作原则与注意事项	1. 一般原则：培训的学生必须在指导老师的指导下才能操作该设备；请务必按照技术文件和各独立元件的使用要求使用该系统，以保证人员和设备安全 　　2. 检修前要认真阅读电路图，熟练掌握各个控制环节的原理及作用，并认真听取和仔细观察老师的讲解与示范 　　3. 停电要验电；带电检修时，必须有指导老师在现场监护，以确保用电安全，同时要做好检修记录

▶项目导读

　　CA6140 车床是一种机械结构比较复杂而电气系统简单的机电设备，是用来进行车削加工的机床。在加工时，通过主轴和刀架运动的相互配合来完成对工件的车削加工。该车床外形结构如图 8-1 所示。

图 8-1　CA6140 车床外形结构

8.1.1 CA6140 车床功能及基本操作任务书

CA6140 车床功能及基本操作任务书如表 8-2 所述。

表 8-2　CA6140 车床功能及基本操作任务书

—— 学院		电气设备安装指导书	文件编号	
			版　次	
工序号：		工序名称：CA6140 车床功能及基本操作		
		作　业　内　容		
	1	了解 CA6140 车床的主要结构		
	2	了解 CA6140 车床的电力拖动特点及控制要求		
	3	了解 CA6140 车床的基本操作方法及操作手柄的作用		
		使 用 工 具		
		常用电工工具、万用表、兆欧表、钳形电流表		
		工艺要求（注意事项）		
	1	操作前要穿紧身防护服，袖口扣紧，上衣下摆不能敞开，严禁戴手套，不得在开动的机床旁穿、脱、换衣服，或围布于身上，防止机器绞伤		
	2	必须戴好安全帽，发辫应放入帽内，不得穿裙子、拖鞋		
	3	发现机床有故障时，应立即停车检查并报告者建设与保障部请求派机修工修理；工作完毕应做好清理工作，并关闭电源		
	4	操作时要注意安全，必须在老师的监护下进行操作		
更改标记		编　制	批　准	
更改人签名		审　核	生产日期	

CA6140 普通车床的基本操作

8.1.2　CA6140 车床电气控制线路分析任务书

CA6140 车床电气控制线路分析任务书如表 8-3 所述。

表 8-3　CA6140 车床电气控制线路分析任务书

电气设备安装指导书

工序名称：CA6140 车床电气控制分析

工序号：

学院

	文件编号	
	版　次	
	作 业 内 容	
1	CA6140 车床主电路分析	
2	CA6140 车床控制电路分析	
3	CA6140 车床照明及信号灯电路分析	
使用工具	常用电工工具、万用表、兆欧表、钳形电流表	
	工艺要求（注意事项）	
1	必须在辅导老师指导监督下，严格按安全操作规程实际操作，未经批准，禁止自行操作	
2	在机床电气柜上分析机床电路时注意要在断电的情况下操作	
	批准	生产日期

CA6140 车床的电气原理图

更改标记		编制	
更改人签名		审核	

8.1.3　CA6140车床常见电气故障分析与维修任务书

CA6140车床常见电气故障分析与维修任务书如表8-4所述。

表8-4　CA6140车床常见电气故障分析与维修任务书

学院	——	文件编号	
	电气设备安装指导书	版　次	
工序号：	工序名称：CA6140车床常见电气故障分析		
		作业内容	
	1	CA6140车床常见故障分析	
	2	CA6140车床故障排除方法	
	3	老师人为设置故障点，由学生自行分析故障并排除	
		使用工具	
	常用电工工具、万用表、兆欧表、钳形电流表		
		工艺要求（注意事项）	
	1	检修前应将机床清理干净并将机床电源断开	
	2	试车前先检测电路是否存在短路现象，然后在正常的情况下进行试车，并应当注意人身及设备安全	
	3	用万用表电阻挡测量触点、导线通断时，量程置于"×1Ω"挡	
	4	用兆欧表检测电路的绝缘电阻时，应断开被测支路与其他支路的连接，避免影响测量结果	
	5	操作时要注意安全，必须在老师的监护下进行操作	
更改标记		编制	
更改人签名		审核	
		批准	
		生产日期	

1. 现场式教学法　　2. 案例式教学法　　3. 体验式教学法　　4. 讨论式教学法

8.2　项 目 准 备

8.2.1　CA6140 车床故障分析与排除训练所需工具和设备清单

本项目所需工具和设备如表 8-5 所示。

表 8-5　工具和设备清单

序号	分类	名称	型号规格	数量	单位	备注
1	工具和设备	常用电工工具	—	1	套	—
2		万用表	MF-47F	1	只	—
3		螺丝刀	—	1	把	—
4		500 V 兆欧表	—	1	只	—
5		钳形电流表	—	1	只	—
6		CA6140 车床	CA6140	1	台	—

8.2.2　CA6140 车床故障分析与排除训练流程图

CA6140 车床故障分析与排除训练流程如图 8-2 所示。

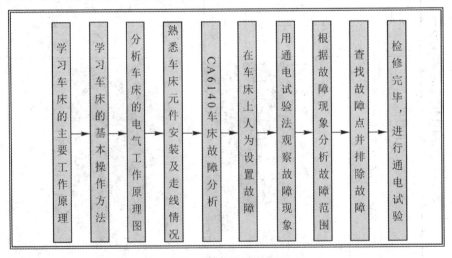

图 8-2　任务流程图

8.3　项 目 实 施

8.3.1　CA6140 车床的主要结构及运动形式

1. CA6140 车床的主要结构

CA6140 车床主要由主轴箱、进给箱、丝杠、光杠、溜板箱、刀架、尾架、床身等部分组成。

(1) 主轴箱：用来带动车床主轴及卡盘转动，并能使主轴得到不同的转速。

(2) 进给箱：将主轴的旋转运动传给丝杠或光杠，并使丝杠或光杠得到不同的转速。

(3) 丝杠：用来车螺纹，它能通过溜板箱使车刀进行直线运动。

(4) 光杠：用来传递动力，它能通过溜板箱自动使车刀进给。

(5) 溜板箱：将丝杠或光杠的转动传给溜板使车刀进行纵向或横向运动。

(6) 刀架：用来装夹车刀。

(7) 尾架：装夹细长工件和安装钻头、铰刀等。

(8) 床身：支持和安装车床各部件用。床身导轨供纵溜板和尾架移动用。

2. CA6140 车床的运动形式

CA6140 车床的运动形式有以下 3 种：

(1) 车床的主运动为工件的旋转运动，是由主轴通过卡盘或顶尖带动工件旋转的。

(2) 车床的进给运动是指溜板带动刀架的纵向或横向直线运动。溜板箱把丝杠或光杠的转动传递给刀架，变换溜板箱外的手柄位置，经刀架使车刀进行纵向或横向进给。

(3) 车床的辅助运动有刀架的快速移动、尾架的移动以及工件的夹紧与放松。

3. CA6140 车床的电力拖动特点及控制要求

CA6140 车床的电力拖动特点及控制要求如下：

(1) 主轴电动机为三相笼型异步电动机，采用直接启动方式，并由机械换向实现正、反转。为满足调速要求，采用机械变速，即通过齿轮箱进行机械有级调速。

(2) 冷却泵电动机用于车削加工时用于冷却刀具与工件温度。冷却泵电动机应在主轴电动机启动后方可启动；主轴电动机停止时冷却泵电动机也应立即停止。

(3) 刀架快移电动机用于实现溜板箱的快速移动，采用点动控制。

(4) 电路应具有必要的保护措施和安全可靠的照明及信号指示；控制系统的电源总开关应采用带漏电保护自动开关；在控制系统发生漏电或过载时，能自动脱扣以切断电源；对操作人员、电气设备应进行保护。

8.3.2　CA6140 车床电气控制线路分析

CA6140 车床的电气控制线路如图 8-3 所示。

1. 主电路分析

主电路共有 3 台电动机：M_1 为主轴电动机，带动主轴旋转和刀架进行进给运动；M_2 为冷却泵电动机，用以输送切削液；M_3 为刀架快速移动电动机。

将钥匙开关 SB 向右旋转，再扳动断路器开关 QF 可引入三相交流电源。熔断器 FU 具有线路总短路保护功能。

FU_1 用于冷却泵电动机 M_2 和快速移动电动机 M_3 以及控制变压器 TC 的短路保护。

主轴电动机 M_1 由接触器 KM 控制，接触器 KM 具有失压和欠电压保护功能。

热继电器 FR_1 用于主轴电动机 M_1 的过载保护。

冷却泵电动机 M_2 由中间 KA_1 继电器控制，热继电器 FR_2 为电动机 M_2 提供过载保护。

刀架快速移动电动机 M_3 由中间继电器 KA_2 控制，因电动机 M_3 是短期工作的，故未设过载保护装置。

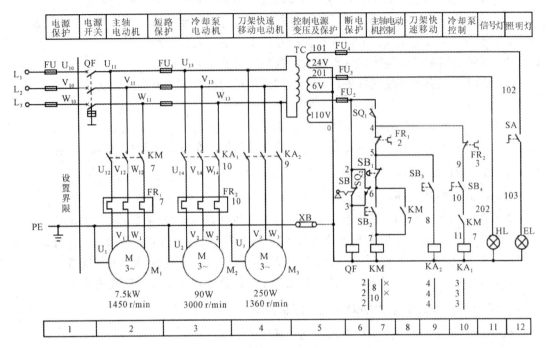

图 8-3　CA6140 车床的电气控制线路

2. 控制电路分析

控制变压器 TC 二次侧输出 110V 电压作为控制电路的电源。电源开关 QF 线圈受钥匙开关 SB 和位置开关 SQ_2 控制。车床在正常工作时，位置开关 SQ_2 的常闭触点处于闭合状态。但当车床床头皮带罩被打开后，SQ_2 常闭触点断开，将控制电路切断，以保证人身安全。

1) 主轴电动机 M_1 的控制

按下启动按钮 SB_2，接触器 KM 线圈获电吸合，KM 主触点闭合，主轴电动机 MI 启动；按下蘑菇形停止按钮 SB_1，接触器 KM 线圈失电，电动机 M1 停转。主轴电动机的正反转是采用多片摩擦离合器实现的。

2) 冷却泵电动机 M_2 的控制

只有当接触器 KM 线圈获电吸合，主轴电动机 M_1 启动后合上旋钮开关 SB_4，使中间继电器 KA_1 线圈获电吸合，冷却泵电动机 M_2 才能启动。当 M_1 停止运行时，M_2 自行停止运行。

3) 刀架快速移动电动机 M_3 的控制

刀架快速移动电动机 M_3 的启动是由安装在进给操纵手柄顶端的按钮 SB_3 来控制的，它与中间继电器 KA_2 组成点动控制环节。将操纵手柄扳到所需的方向，按下按钮 SB_3，中间继电器 KA_2 线圈获电吸合，电动机 M_3 获电启动，刀架就向指定方向快速移动。

3. 照明及信号灯电路

控制变压器 TC 的二次侧分别输出 24 V 和 6 V 电压，分别作为机床照明灯和信号灯的电源。EL 为机床的低压照明灯，由开关 SA 控制；HL 为电源的信号灯。

8.3.3　CA6140 车床常见电气故障分析与维修

1. 漏电自动开关合不上

漏电自动开关合不上的原因有：

(1) 未用钥匙将带锁开关 SB 断开。

(2) 气箱门未关好，开关 SQ_2 未压上。

2. 主轴电动机 M_1 不能启动

主轴电动机 M_1 不能启动的原因有：

(1) 热继电器已动作过，但其常闭触点未复位。这时应检查热继电器 FR_1 动作的原因。FR_1 动作的原因可能是长期过载、热继电器规格选配不当或整定电流值太小。消除故障产生的因素后，应按下热继电器的复位按钮使热继电器触点复位。

(2) 按下启动按钮 SB_2 后，接触器 KM_1 线圈没吸合，主轴电动机 M_1 不能启动。这种故障的原因应在控制电路中，可依次检查熔断器 FU_2、热继电器 FR_1 和 FR_2 的常闭触点，以及停止按钮 SB_1、启动按钮 SB_2 和接触器 KM_1 线圈是否损坏或引出线断线。

(3) 按下启动按钮 SB_2 后，接触器 KM_1 线圈吸合，但主轴电动机 M_1 不能启动。这种故障的原因应在主电路中，可依次检查接触器 KM_1 的主触点、热继电器 FR_1 的热元件及三相电动机的接线端和电动机 M_1。

(4) 按下主轴电动机启动按钮 SB_1，电动机发出嗡嗡声，不能启动。这是由电动机缺一相电源造成的，可能原因是动力配箱熔断器一相熔断、接触器 KM_1 有一对常开触点接触不良、电动机三根引出线有一根断线或电动机绕组有一相绕组损坏。发现这一故障时应立即断开电源，待排除故障后再重新启动，否则会烧坏电动机。

3. 主轴电动机 M_1 不能停车

主轴电动机 M_1 不能停车这类故障多是由接触器 KM_1 铁芯上的油污使上下铁芯不能释放、KM_1 的主触点发生熔焊或停止按钮 SB_1 的常闭触点短路而引起的。

4. 刀架快速移动电动机 M_3 不能启动

按下点动按钮 SB_3，中间继电器 KA_2 没吸合，主轴电动机不能启动。这种故障原因应在控制电路中，此时可用万用表进行分阶电压测量法依次检查热继电器 FR_1 和 FR_2 的常闭触点、停止按钮 SB_1 的常闭触点、点动按钮及中间继电器 KA_2 的线圈是否断路。

5. 冷却泵电动机不能启动

当冷却泵电动机出现不能启动故障时，应先检查主轴电动机是否启动，然后依次检查旋转开关 SA_2 触点闭合是否良好，熔断器 FU_1 熔体是否熔断，热继电器 FR_2 是否未复位，接触器 KM_2 是否损坏，最后检查冷却泵电动机是否已损坏。

8.3.4　机床电气控制电路故障的一般检修方法

1. 修理前的调查研究

机床修理前的调查研究一般可采用问、看、听、摸等方法进行。

(1) 问：询问机床操作人员，了解故障发生前后的情况，有利于根据电气设备的工作原理来判断发生故障的部位，从而分析出故障的原因。

(2) 看：观察熔断器内的熔体是否熔断，其他电气元件有无烧毁、发热、断线，导线连接螺钉是否松动，触点是否氧化、积尘等；要特别注意高电压、大电流的地方，活动频繁的部位以及容易受潮的接插件等。

(3) 听：电动机、变压器、接触器等正常运行时的声音和发生故障时的声音是有区别的，听声音是否正常，可以帮助寻找故障的范围、部位。

(4) 摸：电动机、电磁线圈、变压器等发生故障时，温度会显著上升，可切断电源后用手去触摸以判断元件是否正常。

注：不论电路通电还是断电，要特别注意不能用手直接去触摸金属触点！必须借助仪表来测量。

2. 机床电气原理图分析

首先，熟悉机床的电气控制电路，结合故障现象，对电路工作原理进行分析，以便迅速地判断出故障发生的可能范围。

其次，根据故障现象分析，先弄清故障属于主电路故障还是控制电路故障，或属于电动机故障还是控制设备故障。当故障位置确认以后，应该进一步检查电动机或控制设备，必要时可采用替代法，即用好的电动机或用电设备来替代。属于控制电路的，应该先进行一般的外观检查，即检查控制电路的相关电气元件，如接触器、继电器、熔断器等有无硬裂、烧痕、接线脱落、熔体是否熔断等，同时用万用表检查线圈有无断线、烧毁，触点是否熔焊。

最后，当外观检查找不到故障时，应将电动机从电路中拆下，对控制电路逐步检查。可进行通电吸合试验，观察机床各电气元件是否按要求顺序动作。发现哪部分动作有问题，就在那部分找故障点，逐步缩小故障范围，直到全部故障排除为止，决不能留下隐患。

有些电气元件的动作是由机械配合或靠液压推动，应会同机修人员进行检查处理。

3. 无电气原理图时的检查方法

无电气原理图进行检查时，首先应检查不动作的电动机工作电路。在不通电的情况下，首先以该电动机的接线盒为起点开始查找，顺着电源线找到相应的控制接触器；然后，以此接触器为核心，一路从主触点开始，继续检查到三相电源和主电路，一路从接触器线圈的两个接线端子开始向外延伸检查，弄清控制电路的来龙去脉。必要的时候可以边查找边画出草图。若需拆卸时，要记录拆卸的顺序、电器结构等，然后进行故障排除。

4. 检修机床电气故障应注意的问题

检修机床电气故障时应注意以下问题：

(1) 检修前应将机床清理干净。

(2) 将机床电源断开。

(3) 电动机不能转动，查找故障要从电动机有无通电以及控制电动机的接触器是否吸合入手，决不能立即拆修电动机。通电检查时，一定要先排除短路故障，在确认无短路故障后方可通电，否则，会造成更大的故障甚至事故。

(4) 当需要更换熔断器的熔体时，必须选择与原熔体型号相同的熔体，不得随意扩大熔体电流参数，以免造成意外事故或留下更大的后患。这是因为熔体熔断说明电路存在较大的冲击电流，如短路、严重过载、电压波动很大等。

(5) 热继电器动作、烧毁这类故障也要求要先查明过载原因，否则故障还是会复发。并且修复后一定要按技术要求重新额定保护值，并要进行可靠性试验，以避免发生机床动作失控。

(6) 用万用表电阻挡测量触点、导线通断时，量程置于"R×1Ω"挡。

(7) 如果要用兆欧表检测电路的绝缘电阻，则应断开被测支路与其他支路的连接，避免影响测量结果。

(8) 在拆卸元件及端子连线时，特别是对不熟悉的机床，一定要仔细观察，理清控制电路，及时做好记录、标号，避免在安装时发生错误，方便复原。螺丝钉、垫片等放在盒子里，被拆下的线头要做好绝缘包扎，以免造成人为事故。

(9) 试车应前先检测电路是否存在短路现象。在正常的情况下才能进行试车，并应当注意人身及设备安全。

(10) 机床故障排除后，一切要恢复到原来样子。

8.4　操　作　指　导

1. 操作步骤及要求

(1) 在老师的指导下对 CA6140 车床进行操作，并了解 CA6140 车床的各种工作状态、操作方法及操作手柄的作用。

(2) 在老师的指导下弄清 CA6140 车床电气元件安装位置及走线情况，并结合机械、电气等方面相关的知识弄清车床电气控制的特殊过程。

(3) 在 CA6140 车床上人为设置常见故障。

(4) 老师示范检修。示范检修步骤如下：

① 用通电试验法引导学生观察故障现象。

② 根据故障现象，依据电路图，用逻辑分析法确定故障范围。

③ 采用正确的检查方法查找故障点并排除故障。

④ 检修完毕，进行通电试验，并做好维修记录。

⑤ 由老师设置故障，主电路一处，控制电路两处，供学生进行检修训练。

(5) 老师人为设置故障点，由学生独立进行检修。

2. 故障设置原则

(1) 不能设置短路故障、机床带电故障，以免造成人身伤亡事故。

(2) 不能设置一接通总电源开关电动机就启动的故障，以免造成人身和设备事故。

(3) 设置故障不能损坏电气设备和电气元件。

(4) 在初次进行故障检修训练时，不要设置需要调换导线类的故障，以免增大故障分析的难度。

3. 排除故障实习要求

(1) 学生应根据故障现象，先在原理图上正确标出最小故障范围的线段，然后采用正确的检查和排故方法在额定时间内排除故障。

(2) 排除故障时，必须修复故障点，不得采用更换电气元件、借用触点及改动线路的方法，否则将判为没有排除故障点，需要扣分。

(3) 检修时，严禁扩大故障范围或产生新的故障，并不得损坏电气元件。

(4) 检修时，所有的工具、仪表应符合使用要求。

(5) 不能随便改变或升降电动机原来的电源相序。

(6) 带电检修时必须在指导老师的监护下进行，以确保安全。

8.5　质量评价标准

本项目的质量考核要求及评分标准如表 8-6 所示。

表 8-6　质量评价表

项目内容	配分	评 分 标 准	扣分	得分
故障分析	30 分	1. 排除故障前不进行调查研究，扣 5 分 2. 检修思路不正确，扣 5 分 3. 标不出故障点、线或标错位置，每个故障点扣 10 分		
检修故障	60 分	1. 切断电源后不验电，扣 5 分 2. 使用仪表和工具不正确，每次扣 5 分 3. 检查故障的方法不正确，扣 10 分 4. 查出故障不会排除，每个故障扣 20 分 5. 检修中扩大故障范围，扣 10 分 6. 少查出故障，每个扣 20 分 7. 损坏电气元件，扣 30 分 8. 检修中或检修后试车操作不正确，每次扣 5 分。		
安全、文明生产	10 分	1. 防护用品穿戴不齐全，扣 5 分 2. 检修结束后未恢复原状，扣 5 分 3. 检修中丢失零件，扣 5 分 4. 出现短路或触电，扣 10 分		
工时		工时 1 小时，检查故障不允许超时，修复故障允许超时，每超时 5 分钟扣 5 分，最多可延长 20 分钟		
合计	100 分			
备注		每项扣分最高不超过该项配分		

练　习　题

1. 简述 CA6140 车床的主要结构。
2. 简述 CA6140 车床的电力拖动特点及控制要求。

项目九

X62W 万能铣床故障分析与排除

▶技能目标

1. 了解 X62W 万能铣床的主要结构与运动形式。
2. 了解 X62W 万能铣床的电力拖动特点及控制要求。
3. 了解 X62W 万能铣床的基本操作方法及操作手柄的作用。
4. 能够对 X62W 万能铣床电路电气线路故障进行分析、排除。

▶知识目标

1. 掌握 X62W 万能铣床的电气控制原理。
2. 掌握 X62W 万能铣床的电气控制线路。
3. 掌握铣床动力、照明线路及接地系统电气故障的排除。

▶课程思政与素质

在 X62W 万能铣床的主要结构与运动形式的教学过程中，巧妙运用启发性提问和分组讨论形式，激发学生学习的积极性和创造性，并在轻松、自主、讨论的学习氛围中潜移默化地对学生进行理想信念教育、艰苦奋斗的情操教育、三观教育，培养学生迎难而上和攻坚克难的精神。

9.1　项 目 任 务

本项目为 X62W 万能铣床故障分析与排除，项目主要内容如表 9-1 所述。

表 9-1　项目九的主要内容

项目内容	1. 了解 X62W 万能铣床的主要结构与运动形式 2. 掌握 X62W 万能铣床的电气控制线路 3. 能够对 X62W 万能铣床电路电气线路故障进行分析、排除
重点难点	1. X62W 万能铣床电气控制原理 2. 铣床动力、照明线路及接地系统电气故障的排除

续表

参考的相关文件	1. GB/T 13869—2017《用电安全导则》 2. GB 19518—2009《国家电气设备安全技术规范》 3. GB/T 25295—2010《电气设备安全设计导则》 4. GB 50150—2016《电气装置安装工程　电气设备交接试验标准》
操作原则与安全注意事项	1. 一般原则：培训的学生必须在指导老师的指导下才能操作该设备；请务必按照技术文件和各独立元件的使用要求使用该系统，以保证人员和设备安全 2. 检修前要认真阅读电路图，熟练掌握各个控制环节的原理及作用，并认真听取和仔细观察老师的讲解与示范 3. 停电后要验电；带电检修时，必须有指导老师在现场监护，以确保用电安全，同时要做好检修记录

◢▶项目导读◣

　　万能铣床是一种通用的多用途机床，可用来加工平面、斜面、沟槽；装上分度头后，可以铣切直齿轮和螺旋面；加装圆工作台后，可以铣切凸轮和弧形槽。铣床的控制是机械与电气一体化的控制。

　　常用的万能铣床有两种：一种是 X62W 型卧式万能铣床，如图 9-1 所示，铣头水平方向放置；另一种是 X52K 型立式万能铣床，铣头垂直方向放置。

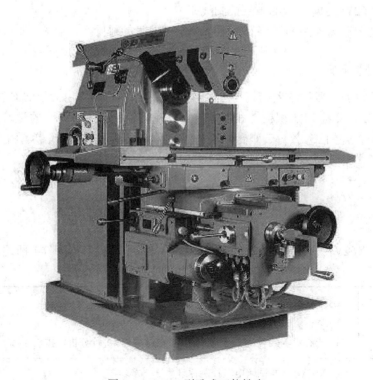

图 9-1　X62W 型卧式万能铣床

9.1.1　X62W 万能铣床功能及基本操作任务书

X62W万能铣床功能及基本操作训练任务书如表9-2所示。

表9-2　X62W万能铣床功能及基本操作任务书

_____学院 电气设备安装指导书	工序名称：X62W万能铣床功能及基本操作	文件编号	
工序号：		版次	

序号	作业内容
1	了解X62W万能铣床的主要结构
2	了解X62W万能铣床的电力拖动特点及控制要求
3	了解X62W万能铣床的基本操作方法及操作手柄的作用

使用工具

常用电工工具、万用表、兆欧表、钳形电流表

工艺要求（注意事项）

序号	
1	操作前要穿紧身防护服，袖口扣紧，上衣下摆不能敞开，严禁戴手套，不得在开动的机床旁穿、脱、换衣服，或围布于身上，防止机器绞伤
2	必须戴好安全帽，发辫应放入帽内，不得穿裙子、拖鞋
3	戴好防护镜，以防铁屑飞溅伤眼，并在机床周围安装挡板使之与操作区隔离
4	发现机床有故障时，应立即停车检查和报告建设与保障部，同时请求派应做好清理工作，并关闭电源
5	操作时要注意安全，必须在老师的监护下进行操作

1. X62W万能铣床主要结构

2. X62W万能铣床的基本操作

更改标记		编制		批准	
更改人签名		审核		生产日期	

9.1.2 X62W 万能铣床电气控制线路分析任务书

X62W 万能铣床电气控制线路分析任务书如表 9-3 所述。

表 9-3 X62W 万能铣床电气控制线路分析任务书

低压电气装调指导书	文件编号	
学院 ————	版 次	
工序号: 工序名称:X62W 万能铣床电气控制线路分析		

	作 业 内 容
1	X62W 万能铣床主电路分析
2	X62W 万能铣床控制电路分析
3	X62W 万能铣床照明及信号灯电路分析

使 用 工 具
常用电工工具、万用表、兆欧表、钳形电流表

	工艺要求（注意事项）
1	必须在辅导老师指导和监督下，严格按安全操作规程实际操作，未经批准，禁止自行操作
2	在机床电气柜上分析机床电路时注意要在断电的情况下操作

X62W 万能铣床主电路

编 制		审 核		批 准		生产日期	
更改标记							
更改人签名							

9.1.3　X62W 万能铣床常见电气故障分析与维修任务书

X62W 万能铣床常见电气故障的分析与维修任务书如表 9-4 所述。

表 9-4　X62W 万能铣床常见电气故障分析与维修任务书

学院	工序名称：X62W 万能铣床常见电气故障分析与维修	文件编号		
	电气设备安装指导书	版　次		
工序号：	X62W 万能铣床常见电气故障维修			
 1. 现场式教学法	 2. 案例式教学法	作　业　内　容		
		1	X62W 万能铣床常见故障分析	
		2	X62W 万能铣床故障排除方法	
		3	老师人为设置故障点，由学生自行分析故障并排除	
		使　用　工　具		
		常用电工工具、万用表、兆欧表、钳形电流表		
 3. 体验式教学法	 4. 讨论式教学法	工艺要求（注意事项）		
		1	检修前应将机床清理干净并存存在有短路电源断开	
		2	试车前先检测电路是否存在短路现象，在正常的情况下进行试车，并应当注意人身及设备安全	
		3	用万用表电阻挡测量触点，导线通断时，量程置于 "×1Ω" 挡	
		4	用兆欧表检测电路的绝缘电阻时，应断开被测支路与其他支路的连接，避免影响测量结果	
		5	操作时要注意安全，必须在老师的监护下进行操作	
编　制	审　核	批　准		
更改标记	更改人签名	生产日期		

9.2　项 目 准 备

9.2.1　X62W 万能铣床故障分析与排除训练所需工具和设备清单

本项目所需工具和设备如表 9-5 所述。

表 9-5　工具和设备清单

序号	分类	名称	型号规格	数量	单位	备注
1		常用电工工具	—	1	套	—
2		万用表	MF-47F	1	只	—
3		螺丝刀	—	1	把	—
4	工具和设备	500 V 兆欧表	—	1	只	—
5		钳形电流表	—	1	只	—
6		CA6140 车床	CA6140	1	台	—

9.2.2　X62W 万能铣床故障分析与排除训练流程图

X62W 万能铣床故障的分析与排除训练流程如图 9-2 所示。

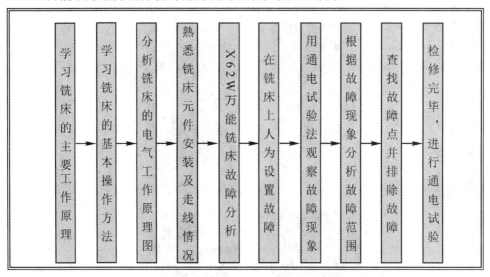

图 9-2　任务流程图

9.3　项 目 实 施

X62W 万能铣床电气原理图如图 9-3 所示。

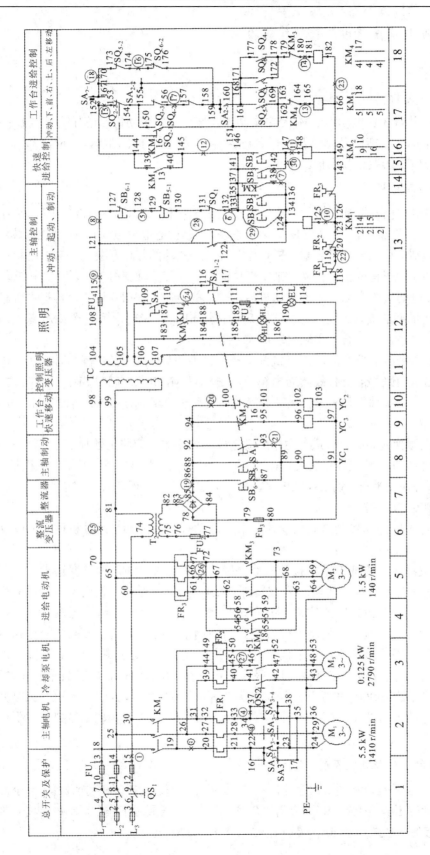

图9-3 X62W 万能铣床电气原理图

9.3.1 X62W 万能铣床电气控制线路检修

1. 电路分析

1) 主电路分析

主电路中共有 3 台电动机：M_1 是主电动机，拖动主轴带动铣刀进行铣削加工；M_2 是工作台进给电动机，拖动升降台及工作台进给；M_3 是冷却泵电动机，供应冷却液。每台电动机均有热继电器做过载保护。

2) 控制电路分析

(1) 主轴电动机的控制。控制线路的启动按钮 SB_1 和 SB_2 是异地控制按钮，分别装在机床的两端，方便操作。SB_5 和 SB_6 是停止按钮。KM_1 是主轴电动机 M_1 的启动接触器，YC_1 则是主轴制动用的电磁离合器，SQ_1 是主轴变速冲动的行程开关。主轴电动机是通过弹性联轴器和变速机构的齿轮传动链来实现传动的，可使主轴获得 18 级不同的转速。

(2) 主轴电动机的启动。主轴电动机启动前要先合上电源开关 QS_1，再把主轴转换开关 SA_3 扳到所需要的旋转方向，然后按下启动按钮 SB_1（或 SB_2），接触器 KM_1 获电后开始动作并自锁，其主触头闭合，主轴电动机 M_1 启动。

(3) 主轴电动机的停车制动。当铣削完毕，需要主轴电动机 M_1 停车时，按下停止转钮 SB_5（或 SB_6），接触器 KM_1 线圈断电释放，电动机 M_1 断电，同时 SB_{5-2} 或 SB_{6-2} 接通电磁离合器 YC_1，对主轴电动机进行制动。当主轴电动机停车后方可松开停止按钮。

(4) 主轴换铣刀的控制。

在主轴上更换铣刀时，为避免主轴转动造成更换困难，应将主轴制动。方法是将转换开关 SA_1 扳到换刀位置，常开触头 SA_{1-1} 闭合，电磁离合器 YC_1 获电，将电动机轴抱住；同时常闭触头 SA_{1-2} 断开，切断控制电路，机床无法运行，以保证人身安全。

(5) 主轴变速时的冲动控制

主轴变速时的冲动控制是利用变速手柄与冲动行程开关 SQ_1 通过机械上的联动机构进行控制的。

对主轴变速时，将变速手柄拉开，啮合好的齿轮脱离，通过调整变速盘可得到所需要的转速（实质是改变齿轮传动比），然后将变速手柄推回原位，使变了传动比的齿轮组重新啮合。由于齿与齿之间的位置不能刚好对上，因而容易造成啮合困难。若在啮合时齿轮系统冲动一下，啮合将变得十分方便。当手柄推进时，手柄上装的凸轮将弹簧杆推动一下又返回。而弹簧则推动一下位置开关 SQ_1，SQ_1 的常闭触头 SQ_{1-2} 先断开，而后常开触头 SQ_{1-1} 闭合，使接触器 KM_1 通电吸合，电动机 M_1 启动，紧接着凸轮放开弹簧杆，SQ_1 复位，常开触头 SQ_{1-1} 先断开，常闭触头 SQ_{1-2} 后闭合，电动机 M_1 断电。此时并未采取制动措施，故电动机 M_1 产生一个冲击齿轮系统的力，足以使齿轮系统抖动，保证了齿轮的顺利啮合。

2. 工作台进给电动机控制

转换开关 SA_2 是控制圆工作台的，在不需要圆工作台运动时，将转换开关 SA_2 扳到"断开"位置，此时 SA_{2-1} 闭合，SA_{2-2} 断开，SA_{2-3} 闭合；当需要圆工作台运动时，将转换开关 SA_2 扳到"接通"位置，则 SA_{1-1} 断开，SA_{2-2} 闭合，SA_{2-3} 断开。

1) 工作台纵向进给控制

工作台的左右 (纵向) 运动是由工作台纵向操纵手柄来控制的。手柄有向左、向右、零位 (停止)3 个位置。当手柄扳到向左或向右位置时，手柄有两个功能，一是压下位置开关 SQ_5 或 SQ_6，二是通过机械机构将电动机的传动链拨向工作台下面的丝杆，使电动机的动力唯一地传到该丝杆上，让工作台在丝杆带动下做左右进给。在工作台两端各设置一块挡铁，当工作台纵向运动到极限位置时，挡铁撞动纵向操作手柄，使它回到中间位置，工作台停止运动，从而实现纵向运动的终端保护。

2) 工作台向右运动控制

主轴电动机 M_1 启动后，将操纵手柄向右扳，其联动机构压动位置开关 SQ_5，使其常开触头 SQ_{5-1} 闭合，常闭触头 SQ_{5-2} 断开，接触器 KM_3 通电吸合，电动机 M_2 正转启动，带动工作台向右进给。

3) 工作台向左进给控制

工作台向左进给控制过程与向右进给相似，只是需要将纵向操作手柄拨向左，这时位置开关 SQ_6 被压下，SQ_{6-1} 闭合，SQ_{6-2} 断开，接触器 KM_4 通电吸合，电动机反转，工作台向左进给。

4) 工作台升降 (上下) 和横向 (前后) 进给控制

操纵工作台上下和前后运动是用同一手柄完成的。该手柄有 5 个位置，即上、下、前、后和中间位置。当手柄扳向上或扳向下时，机械手上接通了垂直进给离合器；当手柄扳向前或扳向后时，机械手上接通了横向进给离合器；手柄在中间位置时，横向和垂直进给离合器均不接通。

当手柄扳到向下或向前位置时，手柄通过机械联动机构使位置开关 SQ_3 被压动，接触器 KM_3 通电吸合，电动机正转；当手柄扳到向上或向后时，位置开关 SQ_4 被压动，接触器 KM_4 通电吸合，电动机反转。

手柄的 5 个位置是联锁的，各方向的进给不能同时接通，因此不会出现传动紊乱的现象。

5) 联锁控制

单独对垂直和横向操作手柄而言，上下前后 4 个方向只能选择其一，绝不会出现工作台同时向两个方向运动的可能性。但是操作手柄时，纵向操作手柄应扳到中间位置。倘若违背这一要求，即在上下前后 4 个方向中的某个方向进给时，又将控制纵向的手柄拨动了，这时有两个方向进给，将造成机床重大事故，所以必须联锁保护。若将纵向手柄扳到任一方向，则 SQ_{5-2} 或 SQ_{6-2} 两个位置开关中的一个被压开，接触器 KM_3 或 KM_4 立刻失电，电动机 M_2 停转，从而机床得到保护。

同理，当纵向操作手柄扳到某一方向而选择了向左或向右进给时，SQ_5 或 SQ_6 被压着，它们的常闭触头 SQ_{5-2} 或 SQ_{6-2} 是断开的，接触器 KM_3 或 KM_4 都由 SQ_{3-2} 或 SQ_{4-2} 接通。若发生误操作，使垂直和横向操作手柄扳离了中间位置，而选择上、下、前、后某一方向的进给，就一定会使 SQ_{3-2} 或 SQ_{4-2} 断开，从而使 KM_3 或 KM_4 断电释放，电动机 M_2 停止运转，避免了机床事故。

6) 进给变速冲动控制

进给变速时，和主轴变速一样，为使齿轮能进入良好的啮合状态，也要做变速后的瞬时点动。进行进给变速时，只需将变速盘 (在升降手柄前面) 往外拉，使进给齿轮松开，待转动变速盘选择好速度以后，将变速盘向里推。在推进时，挡块压动位置开关 SQ_2，首先使常闭触头 SQ_{2-2} 断开，然后使常开触头 SQ_{2-1} 闭合，接触器 KM_3 通电吸合，电动机 M_2 启动 (但它并未转起来)，位置开关 SQ_2 复位，首先断开 SQ_{2-1}，而后闭合 SQ_{2-2}，接触器 KM_3 失电，电动机失电停转。这样以来，使电动机接通一下电源，齿轮系统就产生一次抖动，使齿轮啮合顺利进行。

7) 工作台的快速移动控制

为了提高劳动生产率，减少生产辅助时间，X62W 万能铣床在加工过程中不进行铣削加工时，要求工作台快速移动，当进入铣切区时，则要求工作台以原进给速度移动。

安装好工件后，按下按钮 SB_3 或 SB_4(两地控制)，接触器 KM_2 通电吸合，它的一个常开触头接通进给控制电路，另一个常开触头接通电磁离合器 YC_3，常闭触头切断电磁离合器 YC_2。离合器 YC_2 吸合将使齿轮系统和变速进给系统相连，而离合器 YC_3 则是快速进给变换用的，它的吸合使进给传动系统转动齿轮变速链动作，进而使电动机可直接拖动丝杆套，让工作台快速进给。进给的方向仍由进给操作手柄来决定。当工作台快速移动到预定位置时，松开按钮 SB_3 或 SB_4，接触器 KM_2 断电释放，YC_3 断开，YC_2 吸合，工作台的快速移动停止，仍按原来方向做进给运动。

3. 圆形工作台的控制

为了扩大机床的加工能力，可在机床上安装附件圆形工作台，这样可以进行圆弧或凸轮的铣削加工。在圆形工作台工作时，所有进给系统均需停止工作 (手柄放置于零位上)，只让圆工作台绕轴心回转。

当工件在圆形工作台上安装好以后，用快速移动方法将铣刀和工作台之间位置调整好，把圆形工作台控制开关拨到 "接通" 位置，这个开关就是 SA_2，此时 SA_{2-1} 和 SA_{2-3} 断开，SA_{2-2} 闭合。当主轴电动机启动后，圆形工作台即开始工作，其控制电路是：电源→ SQ_{2-2} → SQ_{3-2} → SQ_{4-2} → SQ_{6-2} → SQ_{5-2} → SA_{2-2} → KM_4(常闭) → KM_3 线圈→电源。接触器 KM_3 通电吸合，电动机 M_2 正转，该电机带动一根专用轴使圆形工作台绕轴心回转，铣刀铣出圆弧。在圆形工作台转动时，其余进给系统一律不准运动。若有误操作，即拨动了两个进给手柄中的任意一个，则必须会使位置开关 SQ_3 ~ SQ_6 中的某一个被压动，致使其常闭触头将断开，使电动机停转，从而避免了机床事故。

圆形工作台在运转过程中不要求调速，也不要求反转。按下主轴停止按钮 SB_5 或 SB_6，主轴停转，圆形工作台也停转。

4. 冷却和照明控制

冷却泵只有在主轴电动机启动后才能启动，所以主电路中将 M_3 接在主触器 KM_1 触头后面，便于用开关 QS_2 控制。

机床照明由变压器 TC 供给 36 V 安全电压。

9.3.2　X62W 万能铣床常见电气故障分析与维修

故障 1　主轴电动机 M_1 不能启动。

首先应检查各个开关是否处于正常工作位置，然后检查三相电源、熔断器、热继电器的常闭触点、两地启动停止按钮以及接触器 KM_1 等元件，看有无元件损坏、接线脱落、接触不良、线圈断路等现象。另外，还应检查主轴变速冲动开关 SQ_1，因为此开关位置移动会被撞坏，因常闭触点 SQ_{1-2} 接触不良而引起的线路故障也较常见。

故障 2　主轴电动机 M_1 无制动。

主轴电动机的制动是通过电磁离合器 YC_1 来完成的。所以首先应检查整流器的输出直流电源是否正确，然后检查停止按钮 $SB_5(SB_6)$ 的常开触点是否完好，最后检查制动电磁离合器 YC_1，看有无元件损坏、接线脱落、接触不良、线圈断路等现象。

故障 3　工作台各个方向都不能进给。

铣床工作台的进给运动是通过进给电动机 M_2 的正反转配合机械传动来实现的。检修故障时，首先应检查圆形工作台的控制开关 SA_2 是否在"断开"位置。若控制开关 SA_2 在"断开"位置，工作台各个方向仍不能进给，则主要原因是进给电动机 M_2 不能启动。接着检查控制主轴电动机的接触器 KM_1 是否已吸合，因为只有接触器 KM_1 吸合后，控制进给电动机 M_2 的接触器 KM_3、KM_4 才能得电。如果接触器 KM_1 不能得电，则表明控制电路电源有故障。这时可检测控制变压器 TC 一次侧、二次侧绕组和电源电压是否正常，熔断器是否熔断。主轴旋转后，若工作台各个方向仍无进给运动，可扳动进给手柄至各个运动方向，观察其相关的接触器是否吸合。若吸合，则表明故障发生在主电路和进给电动机上。常见的故障有接触器主触点接触不良、主触点脱落、机械卡死、电动机接线脱落和电动机绕组断路等。除此以外，由于经常扳动操作手柄，开关受到冲击，使位置开关 SQ_3、SQ_4、SQ_5、SQ_6 的位置发生变动或被撞坏，使线路处于断开状态。变速冲动开关 SQ_{2-2} 在复位时不能闭合接通或接触不良也会使工作台不能进给。

故障 4　工作台能向左、右进给，但不能向前、后、上、下进给。

铣床控制工作台各个方向的开关相互连接，只有一个方向的运动，因此工作台能向左右进给但不能向前后上下进给的故障的原因可能是控制左右进给的位置开关 SQ_5 或 SQ_6 由于经常被压合而使螺钉松动、开关移位，触点接触不良、开关机构卡住等，使线路断开或开关不能复位闭合，从而使触点 19、20 或 15、20 断开。当操作工作台向前、后、上、下运动时，位置开关 SQ_{3-2} 或 SQ_{4-2} 被压开，切断了进给接触器 KM_3、KM_4 的通路，造成工作台只能左、右运动，而不能前、后、上、下运动。检修故障时，可用万用表欧姆挡测量 SQ_{5-2} 或 SQ_{6-2} 的接触导通情况，查找故障部位，修理或更换元件后，就可排除故障。注意在测量 SQ_{5-2} 或 SQ_{6-2} 的接通情况时，应操纵前、后、上、下进给手柄，使 SQ_{3-2} 或 SQ_{4-2} 断开。否则通过触点 11、10、13、14、15、20、19 的导通，会误认为 SQ_{5-2} 或 SQ_{6-2} 接触良好。

故障 5　变速时不能冲动控制。

变速时不能冲动控制这种故障多数是由于冲动位置开关 SQ_1 或 SQ_2 经常受到频繁冲击使开关位置改变，甚至开关底座被撞坏或接触不良使线路断开，从而造成主轴电动机 M_1 或进给电动机 M_2 不能瞬时点动。出现这种故障时，修理或更换开关并调整好开关的动作距离，即可恢复冲动控制。

故障 6　工作台不能快速移动，主轴制动失灵。

这种故障主要是电磁离合器工作不正常所致。首先应检查接线有无松脱，整流变压器 T_2 和熔断器 FU_3、FU_6 的工作是否正常，整流器中的 4 个整流二极管是否损坏。若有二极管损坏，将导致输出直流电压偏低，吸力不够。其次，电磁离合器线圈是用环氧树脂黏合在电磁离合器的套筒内，散热条件差，易发热而烧毁。另外，由于离合器的动擦片和静擦片经常摩擦，因此它们是易损件，检修时也不可忽视这些问题。

9.4　操 作 指 导

1. 操作步骤及要求

(1) 在老师的指导下对铣床进行操作，并了解铣床的各种工作状态、操作方法及操作手柄的作用。

(2) 在老师的指导下弄清铣床电气元件安装位置及走线情况，并结合机械、电气、液压几方面相关的知识，弄清钻床电气控制的特殊过程。

(3) 在 X62W 万能铣床上人为设置常见故障。

(4) 由老师进行示范检修。示范检修步骤如下：

① 用通电试验法引导学生观察故障现象。

② 根据故障现象，依据电路图，用逻辑分析法确定故障范围。

③ 采用正确的检查方法查找故障点并排除故障。

④ 检修完毕，进行通电试验，并做好维修记录。

⑤ 由老师设置故障，主电路一处，控制电路两处，供学生进行检修训练。

(5) 老师人为设置故障点，由学生独立进行检修。

2. 故障设置原则

(1) 不能设置短路故障、机床带电故障，以免造成人身伤亡事故。

(2) 不能设置一接通总电源开关电动机就启动的故障，以免造成人身和设备事故。

(3) 设置故障不能损坏电气设备和电气元件。

(4) 在初次进行故障检修训练时，不要设置需要调换导线类的故障，以免增大故障分析的难度。

3. 排除故障实习要求

(1) 学生应根据故障现象，先在原理图上正确标出最小故障范围的线段，然后采用正确的检查和排故方法在额定时间内排除故障。

(2) 排除故障时，必须修复故障点，不得采用更换电气元件、借用触点及改动线路的方法，否则判为没有排除故障点，需要扣分。

(3) 检修时，严禁扩大故障范围或产生新的故障，并不得损坏电气元件。

4. 注意事项

(1) 熟悉 X62W 万能铣床电气线路的基本环节及控制要求。

(2) 弄清电气、液压和机械系统是如何配合实现某种运动方式的，认真观摩老师的示范检修过程。

(3) 检修时，所有的工具、仪表应符合使用要求。

(4) 不能随便改变或升降电动机原来的电源相序。

(5) 排除故障时，必须修复故障点，但不得采用元件代换法。

(6) 检修时，严禁扩大故障范围或产生新的故障。

(7) 带电检修时，必须在指导老师的监护下进行，以确保安全。

9.5　质量评价标准

本项目的质量考核要求及评分标准如表9-6所示。

表9-6　质量评价表

项目内容	配分	评 分 标 准	扣分	得分
故障分析	30分	1. 排除故障前不进行调查研究，扣5分 2. 检修思路不正确，扣5分 5. 标不出故障点、线或标错位置，每个故障点扣10分		
检修故障	60分	1. 切断电源后不验电，扣5分 2. 使用仪表和工具不正确，每次扣5分 3. 检查故障的方法不正确，扣10分 4. 查出故障不会排除，每个故障扣20分 5. 检修中扩大故障范围，扣10分 6. 少检查出故障，每个扣20分 7. 损坏电气元件，扣30分 8. 检修中或检修后试车操作不正确，每次扣5分		
安全、文明生产	10分	1. 防护用品穿戴不齐全，扣5分 2. 检修结束后未恢复原状，扣5分 3. 检修中丢失零件，扣5分 4. 出现短路或触电，扣10分		
工时		所给工时为1小时，检查故障时不允许超时，修复故障时允许超时，但每超时5分钟扣5分，最多可延长20分钟		
合计	100分			
备注		每项扣分最高不超过该项配分		

练 习 题

1. 分析X62W万能铣床常见电气故障。

2. 简述X62W万能铣床的主要结构与运动形式。

Z3050 摇臂钻床故障分析与排除

▶ 技能目标

1. 掌握 Z3050 摇臂钻床电气控制原理。
2. 了解 Z3050 摇臂钻床的基本操作方法及操作手柄的作用。
3. 能够对 Z3050 摇臂钻床电气线路故障进行分析、排除。

▶ 知识目标

1. 了解 Z3050 摇臂钻床的主要结构与运动形式。
2. 掌握 Z3050 摇臂钻床的电力拖动特点及控制要求。
3. 掌握钻床动力、照明线路及接地系统电气故障的排除。

▶ 课程思政与素质

1. 通过对 Z3050 摇臂钻床电气控制原理的学习以及通过理想信念教育、艰苦奋斗的情操教育、三观教育，培养迎难而上的攻坚克难精神和树立家国情怀意识。

2. 通过对钻床动力、照明线路及接地系统电气故障的排除的学习，培养学生良好的职业道德，树立安全意识和质量意识，培养学生的自学能力以及认真严谨的工作态度。

10.1 项 目 任 务

本项目为 Z3050 摇臂钻床故障的分析与排除，项目主要内容如表 10-1 所述。

表 10-1　项目十的主要内容

项目内容	1. 了解 Z3050 摇臂钻床的主要结构与运动形式 2. 掌握 Z3050 摇臂钻床的电气控制线路 3. 能够对 Z3050 摇臂钻床电气线路故障进行分析、排除
重点难点	1. Z3050 摇臂钻床电气控制原理 2. 钻床动力、照明线路及接地系统电气故障的排除

续表

参考的相关文件	1. GB/T 13869—2017《用电安全导则》 2. GB 19519—2009《国家电气设备安全技术规范》 3. GB/T 25295—2010《电气设备安全设计导则》 4. GB 50150—2016《电气装置安装工程　电气设备交接试验标准》
操作原则与安全 注意事项	1. 一般原则：培训的学生必须在指导老师的指导下才能操作该设备；请务必按照技术文件和各独立元件的使用要求使用该系统，以保证人员和设备安全 2. 检修前要认真阅读电路图，熟练掌握各个控制环节的原理及作用，并认真听取和仔细观察老师的讲解与示范 3. 停电要验电；带电检修时，必须有指导老师在现场监护，以确保用电安全，同时要做好检修记录

▶项目导读

　　Z3050 摇臂钻床钻床（如图 10-1 所示）是一种用途广泛的孔加工机床。主要用于钻削精度要求不太高的孔，另外还可用来扩孔、铰孔、镗，以及刮平面、攻螺纹等。

　　钻床的结构型式很多，有立式钻床、卧式钻床、深孔钻床及多轴钻床等。摇臂钻床是一种立式钻床，它适用于单件或批量生产中带有多孔的大型零件的孔加工。

图 10-1　Z3050 摇臂钻床外形结构

10.1.1　Z3050 钻床功能及基本操作任务书

Z3050 钻床功能及基本操作任务书如表 10-2 所述。

表 10-2　Z3050 钻床功能及基本操作任务书

学院　——	电气设备安装指导书	文件编号		
工序号：	工序名称：Z3050 摇臂钻床功能及基本操作	版次		

Z3050 摇臂钻床主要结构

	作 业 内 容
1	了解 Z3050 摇臂钻床的主要结构
2	了解 Z3050 摇臂钻床的电力拖动特点及控制要求
3	了解 Z3050 摇臂钻床的基本操作方法及操作手柄的作用
	使 用 工 具
	常用电工工具、万用表、兆欧表、钳形电流表
	工艺要求（注意事项）
1	操作前要穿紧身防护服，袖口扣紧，上衣下摆不能敞开，严禁戴手套，不得在开动的机床旁穿、脱、换衣服，或围布于身上，防止机器绞伤
2	必须戴好安全帽，发辫应放入帽内，不得穿裙子、拖鞋
3	戴好防护镜，以防铁屑飞溅伤眼，并在机床周围安装挡板使之与操作区隔离
4	发现机床有故障时，应立即停车检查并报告建设与保障部，同时请求派人修理，工作完毕应做好清理工作，并关闭电源
5	操作时要注意安全，必须在老师的监护下进行操作
编制	批准
审核	生产日期
更改标记	
更改人签名	

10.1.2　Z3050摇臂钻床电气控制线路分析任务书

Z3050摇臂钻床的电气控制线路分析任务书如表10-3所述。

表10-3　Z3050摇臂钻床电气控制线路分析任务书

电气设备安装指导书	文件编号	
工序名称：Z3050型摇臂钻床电气控制线路分析	版　次	

	作　业　内　容
1	Z3050摇臂钻床主电路分析
2	Z3050摇臂钻床控制电路分析
3	Z3050摇臂钻床照明及信号灯电路分析

使　用　工　具
常用电工工具、万用表、兆欧表、钳形电流表

	工艺要求（注意事项）
1	必须在辅导老师指导监督下，严格按安全操作规程实际操作，未经批准，禁止自行操作
2	在机床电气柜上分析机床电路时注意要在断电的情况下操作

Z3050摇臂钻床主电路

编制		批准	
审核		生产日期	

更改标记	
更改人签名	

10.1.3　Z3050 摇臂钻床常见电气故障分析与维修任务书

Z3050 摇臂钻床常见电气故障的分析与维修任务书如表 10-4 所示。

表 10-4　Z3050 摇臂钻床常见电气故障分析与维修任务书

学院	_____	文件编号		
工序号：		版　次		
电气设备安装指导书	工序名称：Z3050 摇臂钻床常见电气故障分析			
1. 现场式教学法	2. 案例式教学法	3. 体验式教学法	4. 讨论式教学法	
	作　业　内　容			
1	Z3050 摇臂钻床常见故障分析			
2	Z3050 摇臂钻床故障排除方法			
3	老师人为设置故障点，由学生自行分析故障并排除			
	使　用　工　具			
常用电工工具、万用表、兆欧表、钳形电流表				
	工艺要求（注意事项）			
1	检修前应将机床清理干净并将机床电源断开			
2	试车前先检测电路是否存在短路现象，在正常的情况下进行试车，并应当注意人身及设备安全			
3	用万用表电阻挡测量触点，导线通断时，量程置于"×1Ω"挡			
4	用兆欧表检测电路的绝缘电阻时，应断开被测支路与其他支路的连接，避免影响测量结果			
5	操作时要注意安全，必须在老师的监护下进行操作			
编　制		批　准		
审　核		生产日期		
更改标记				
更改人签名				

10.2　项 目 准 备

10.2.1　Z3050 摇臂钻床故障分析与排除训练所需工具和设备清单

本项目所需工具和设备如表 10-5 所示。

表 10-5　工具和设备清单

序号	分类	名称	型号规格	数量	单位	备注
1	工具和设备	常用电工工具	—	1	套	—
2		万用表	MF-47F	1	只	—
3		螺丝刀	—	1	把	—
4		500V 兆欧表	—	1	只	—
5		钳形电流表	—	1	只	—
6		CA6140 车床	CA6140	1	台	—

10.2.2　Z3050 摇臂钻床故障的分析与排除训练流程图

Z3050 摇臂钻床故障的分析与排除训练流程如图 10-2 所示。

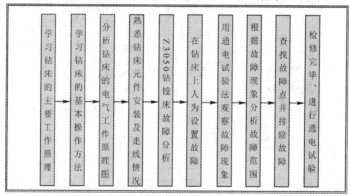

图 10-2　任务流程图

10.3　项 目 实 施

10.3.1　Z3050 摇臂钻床电气控制线路分析

本节以 Z3050 摇臂钻床为例进行分析。其型号意义如图 10-3 所示，电路原理图如图 10-4 所示。

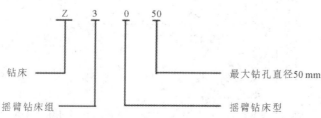

图 10-3　Z3050 摇臂钻床型号意义

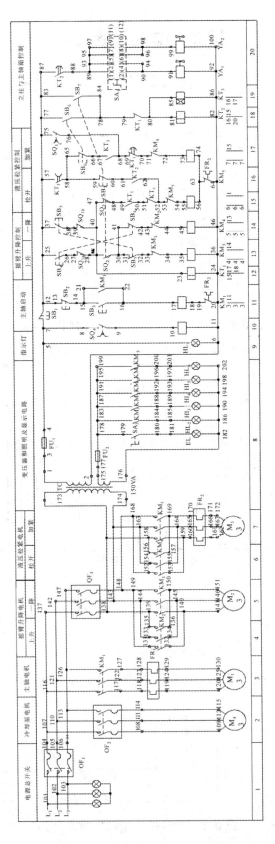

图10-4　YL-ZT型 Z3050摇臂钻床电路原理图

1. 主要结构及运动形式

Z3050 摇臂钻床主要由底座、内立柱、外立柱、摇臂、主轴箱、工作台等组成。内立柱固定在底座上，在它外面套着空心的外立柱，外立柱可绕着内立柱回转一周，摇臂一端的套筒部分与外立柱滑动配合，借助于丝杆，摇臂可沿着外立柱上下移动，但两者不能做相对转动，所以摇臂将与外立柱一起相对内立柱回转。主轴箱是一个复合的部件，它具有主轴及主轴旋转部件和主轴进给的全部变速和操纵机构。主轴箱可沿着摇臂上的水平导轨做径向移动。当进行加工时，可利用特殊的夹紧机构将外立柱紧固在内立柱上，以及将摇臂紧固在外立柱上和将主轴箱紧固在摇臂导轨上，然后进行钻削加工。

2. 摇臂钻床的电力拖动特点及控制要求

(1) 由于摇臂钻床的运动部件较多，因此简化了传动装置，使用多电动机拖动，例如主电动机承担主钻削及进给任务，摇臂升降、夹紧放松和冷却泵则各用一台电动机拖动。

(2) 为了适应多种加工方式的要求，主轴变速机构及进给变速机构应在较大范围内调速。但这些调速都是机械调速，用手柄操作变速箱调速对电动机无任何调速要求。从结构上看，主轴变速机构与进给变速机构应该放在一个变速箱内，而且这两种运动由一台电动机拖动是合理的。

(3) 加工螺纹时要求主轴能正反转。摇臂钻床的正反转一般用机械方法实现，电动机只需单方向旋转。

(4) 摇臂升降由单独电动机拖动，要求能实现正反转。

(5) 摇臂的夹紧与放松以及立柱的夹紧与放松由一台异步电动机配合液压装置来完成，要求这台电动机能正反转。摇臂的回转和主轴箱的径向移动在中小型摇臂钻床上都采用手动。

(6) 钻削加工时需要为对刀具及工件进行冷却，因此需要一台冷却泵电动机拖动冷却泵来输送冷却液。

3. 电气控制线路分析

1) 主电路分析

Z3050 摇臂钻床共有 4 台电动机，除冷却泵电动机采用开关直接启动外，其余三台异步电动机均采用接触器控制启动。

M_1 是主轴电动机，由交流接触器 KM_1 控制，只要求单方向旋转，主轴的正反转由机械手柄操作。M_1 装在主轴箱顶部，带动主轴及进给传动系统；热继电器 FR_1 是过载保护元件；短路保护电器是总电源开关中的电磁脱扣装置。

M_2 是摇臂升降电动机，装于主轴顶部，用接触器 KM_2 和 KM_3 控制正反转。因为该电动机短时间工作，故不设过载保护电器。

M_3 是液压油泵电动机，可以做正向转动和反向转动。正向转动和反向转动的启动与停止由接触器 KM_4 和 KM_5 控制。热继电器 FR_2 是液压油泵电动机的过载保护电器。该电动机的主要作用是供给夹紧装置压力油，实现摇臂和立柱的夹紧和松开。

M_4 是冷却泵电动机，功率很小，由开关直接启动和停止。

摇臂升降电机 M_2 和液压油泵电动机 M_3 共用第三个自动空气开关中的电磁脱扣作为

短路保护电器。

主电路电源电压为交流 380 V，自动空气开关 QF_1 作为电源引入开关。

2）控制电路分析

（1）开车前的准备工作。

为了保证操作安全，Z3050 摇臂钻床具有"开门断电"功能。所以开车前应将立柱下部及摇臂后部的电门盖关好，方能接通电源。合上 QF_3 及总电源开关 QF_1，则电源指示灯 HL_1 亮，表示机床的电气线路已进入带电状态。

（2）主轴电动机 M_1 控制分析。

按下启动按钮 SB_3，则接触器 KM_1 吸合并自锁，使主电动机 M_1 启动运行，同时指示灯 HL_2 亮。按下停止按钮 SB_2，则接触器 KM_1 释放，使主电动机 M_1 停止旋转，同时指示灯 HL_2 熄灭。

（3）摇臂升降控制分析。

① 摇臂上升控制分析：按下上升按钮 SB_4，则时间继电器 KT_1 通电吸合，它的动合触头（17 区）闭合，接触器 KM_4 线圈通电，液压油泵电动机 M_3 启动正向旋转，供出压力油。压力油经分配阀体进入摇臂的"松开油腔"，推动活塞移动，活塞推动菱形块，将摇臂松开。同时，活塞杆通过弹簧片使位置开关 SQ_2 动断触点断开，动合触点闭合。前者切断了接触器 KM_4 的线圈电路，KM_4 的主触头断开，液压油泵电机停止工作。后者使交流接触器 KM_2 的线圈通电，主触头接通 M_2 的电源，摇臂升降电动机启动正向旋转，带动摇臂上升。如果此时摇臂尚未松开，则位置开关 SQ_2 常开触头不闭合，接触器 KM_2 就不能吸合，摇臂就不能上升。

当摇臂上升到所需位置时，松开按钮 SB_4，则接触器 KM_2 和时间继电器 KT_1 同时断电释放，M_2 停止工作，随之摇臂停止上升。

由于时间继电器 KT_1 断电释放，经 1～3 s 的延时后，其延时闭合的常闭触点（17 区）闭合，使接触器 KM_5 吸合，液压泵电机 M_3 反向旋转，随之泵内压力油经分配阀进入摇臂的"夹紧油腔"，摇臂夹紧。在摇臂夹紧的同时，活塞杆通过弹簧片使位置开关 SQ_3 的动断触点断开，KM_5 断电释放，最终使 M_3 停止工作，完成摇臂的松开→上升→夹紧的整套动作。

② 摇臂下降控制分析：按下下降按钮 SB_5，则时间继电器 KT_1 通电吸合，其常开触头闭合，接通 KM_4 线圈电源，液压油泵电机 M_3 启动正向旋转，供给压力油。与前面叙述的过程相似，先使摇臂松开，压动位置开关 SQ_2 使其常闭触头断开，使 KM_4 断电释放，液压油泵电机停止工作；接着其常开触头闭合，使 KM_3 线圈通电，摇臂升降电机 M_2 反向运转，带动摇臂下降。

当摇臂下降到所需位置时，松开按钮 SB_5，则接触器 KM_3 和时间继电器 KT_1 同时断电释放，M_2 停止工作，摇臂停止下降。

由于时间继电器 KT_1 断电释放，经 1～3 s 的延时后，其延时闭合的常闭触头闭合，KM_5 线圈获电，液压泵电机 M_3 反向旋转，随之摇臂夹紧。在摇臂夹紧的同时，使位置开关 SQ_3 断开，KM_5 断电释放，最终使 M_3 停止工作，完成摇臂的松开→下降→夹紧的整套动作。

组合开关 SQ_{1a} 和 SQ_{1b} 用来限制摇臂的升降。当摇臂上升到极限位置时，SQ_{1a} 动作，接触器 KM_2 断电释放，M_2 停止运行，摇臂停止上升；当摇臂下降到极限位置时，SQ_{1b} 动作，接触器 KM_3 断电释放，M_2 停止运行，摇臂停止下降。

摇臂的自动夹紧由位置开关 SQ_3 控制。如果液压夹紧系统出现故障，不能自动夹紧摇臂，或者由于 SQ_3 调整不当，在摇臂夹紧后不能使 SQ_3 的常闭触头断开，都会使液压泵电动机因长期过载运行而损坏。为此，电路中设有热继电器 FR_2，其整定值应根据液压电动机 M_3 的额定电流进行调整。

摇臂升降电动机的正、反转控制继电器不允许同时得电动作，以防止电源短路。为避免因操作失误等原因而造成短路事故，在摇臂上升和下降的控制线路中采用了接触器的辅助触头互锁和复合按钮互锁两种保证安全的方法，确保电路安全工作。

4. 立柱和主轴箱的夹紧与松开控制分析

立柱和主轴箱的松开（或夹紧）既可以同时进行，也可以单独进行，由转换开关 SA_1 和复合按钮 SB_6（或 SB_7）进行控制。SA_1 有 3 个位置。扳到中间位置时，立柱和主轴箱的松开（或夹紧）同时进行；扳到左边位置时，立柱夹紧（或放松）；扳到右边位置时，主轴箱夹紧（或放松）。复合按钮 SB_6 是松开控制按钮，SB_7 是夹紧控制按钮。

1) 立柱和主轴箱同时松开或夹紧

将转换开关 SA_1 扳到中间位置，然后按松开按钮 SB_6，时间继电器 KT_2、KT_3 同时得电，KT_2 的延时断开的常开触头闭合，电磁铁 YA_1、YA_2 得电吸合，而 KT_3 的延时闭合的常开触点经 $1 \sim 3$ s 后才闭合。随后，KM_4 闭合，液压泵电动机 M_3 正转，供出的压力油进入立柱和主轴箱"松开油腔"，使立柱和主轴箱同时松开。

2) 立柱和主轴箱单独松开或夹紧

如希望单独控制主轴箱，可将转换开关 SA_1 扳到右侧位置，按下松开按钮 SB_6（或夹紧按钮 SB_7），此时时间继电器 KT_2 和 KT_3 的线圈同时得电，电磁铁 YA_2 单独通电吸合，即可实现主轴箱的单独松开（或夹紧）。

松开复合按钮 SB_6（或 SB_7），时间继电器 KT_2 和 KT_3 的线圈断电释放，KT_3 的通电延时闭合的常开触头瞬时断开，接触器 KM_4（或 KM_5）的线圈断电释放，液压泵电动机停转。经过 $1 \sim 3$ s 的延时，电磁铁 YA_2 的线圈断电释放，主轴箱松开（或夹紧）的动作结束。

同理，把转换开关扳到左侧，则可使立柱单独松开或夹紧。

因为立柱和主轴箱的松开与夹紧是短时间的调整工作，所以采用点动方式。

10.3.2　电气线路常见故障分析

摇臂钻床电气控制的特殊环节是摇臂升降。Z3050 系列摇臂钻床的工作过程是由电气与机械、液压系统紧密结合实现的。因此，在维修中不仅要注意电气部分能否正常工作，也要注意它与机械和液压部分的协调关系。下面仅分析摇臂钻床升降中的电气故障。

1. 摇臂不能升降

由摇臂升降过程可知，升降电动机 M_2 旋转，带动摇臂升降，其前提是摇臂完全松开，即活塞杆压位置开关 SQ_2 被压下。如果 SQ_2 不动作，则常见故障是 SQ_2 安装位置移动。这样，摇臂虽已放松，但活塞杆压不上 SQ_2 ，摇臂就不能升降。有时液压系统发生故障，使摇臂放松不够，也会压不上 SQ_2 ，使摇臂不能移动。由此可见， SQ_2 的位置非常重要，应配合机械、液压部分调整好后紧固。

当电动机 M_3 电源相序接反时，按下上升按钮 SB_4 (或下降按钮 SB_5)， M_3 反转，使摇臂夹紧，SQ2 应不动作，摇臂也就不能升降。所以，在机床大修或新安装后要检查电源相序。

2. 摇臂升降后，摇臂夹不紧

由摇臂夹紧的动作过程可知，夹紧动作的结束是由位置开关 SQ_3 来完成的，如果 SQ_3 动作过早，将导致 M_3 尚未充分夹紧就停转。这类故障常见的原因是 SQ_3 安装位置不合适或固定螺丝松动造成 SQ_3 移位，使 SQ_3 在摇臂夹紧动作未完成时就被压上，切断了 KM_5 回路，使 M_3 停转。

排除故障时，应首先判断是液压系统的故障 (如活塞杆阀芯卡死或油路堵塞造成的夹紧力不够)，还是电气系统故障。如果电气方面的故障，应重新调整 SQ_3 的动作距离，固定好螺钉即可。

3. 立柱、主轴箱不能夹紧或松开

立柱、主轴箱不能夹紧或松开的故障原因可能是油路堵塞、接触器 KM_4 或 KM_5 不能吸合所致。出现这类故障时，应检查按钮 SB_6 、 SB_7 接线情况是否良好。若接触器 KM_4 或 KM_5 能吸合， M_3 能运转，可排除电气方面的故障，则应请液压、机械修理人员检修油路，以确定是否是油路故障。

4. 摇臂上升或下降限位保护开关失灵

组合开关 SQ_1 的失灵分两种情况：一是组合开关 SQ_1 损坏， SQ_1 触头不能随开关动作而闭合或接触不良使线路断开，由此使摇臂不能上升或下降；二是组合开关 SQ_1 不能动作，触头熔焊，使线路始终处于接通状态，当摇臂上升或下降到极限位置后，摇臂升降电动机 M_2 发生堵转，这时应立即松开 SB_4 或 SB_5 。根据上述情况进行分析，找出故障原因，更换或修理失灵的组合开关 SQ_1 即可排除故障。

5. 按下 SQ_6 ，立柱、主轴箱能夹紧，但释放后就松开

由于立柱、主轴箱的夹紧和松开机构都采用机械菱形块结构，所以这种故障多为机械原因造成的。具体原因可能是菱形块和承压块的角度方向搞错，或者距离不合适，也可能因夹紧力调得太大或夹紧液压系统压力不够导致菱形块立不起来，可找机械修理工检修。

10.4 操作指导

1. 操作步骤及要求

(1) 在老师的指导下对钻床进行操作，了解钻床的各种工作状态、操作方法及操作手

柄的作用。

(2) 在老师指导下弄清钻床电器元件安装位置及走线情况，并结合机械、电气、液压几方面相关的知识，弄清钻床电气控制的特殊过程。

(3) 在 Z3050 摇臂钻床上人为设置常见故障。

(4) 老师示范检修。示范检修步骤如下：

① 用通电试验法引导学生观察故障现象。

② 根据故障现象，依据电路图，用逻辑分析法确定故障范围。

③ 采用正确的检查方法查找故障点并排除故障。

④ 检修完毕，进行通电试验，并做好维修记录。

⑤ 由老师设置故障，主电路一处，控制电路两处，供学生进行检修训练。

(5) 老师人为设置故障点，由学生独立进行检修。

2. 故障设置原则

(1) 不能设置短路故障、机床带电故障，以免造成人身伤亡事故。

(2) 不能设置一接通总电源开关电动机就启动的故障，以免造成人身和设备事故。

(3) 设置故障不能损坏电气设备和电气元件。

(4) 在初次进行故障检修训练时，不要设置需要调换导线类故障，以免增大故障分析的难度。

3. 排除故障实习要求

(1) 学生应根据故障现象，先在原理图上正确标出最小故障范围的线段，然后采用正确的检查和排故方法在额定时间内排除故障。

(2) 排除故障时，必须修复故障点，不得采用更换电气元件、借用触点及改动线路的方法，否则判为没有排除故障点，需要扣分。

(3) 检修时，严禁扩大故障范围或产生新的故障，并不得损坏电气元件。

4. 注意事项

(1) 熟悉 Z3050 摇臂钻床电气线路的基本环节及控制要求。

(2) 弄清电气、液压和机械系统如何配合实现某种运动方式，并认真观摩老师的示范检修过程。

(3) 检修时，所有的工具、仪表应符合使用要求。

(4) 不能随便改变或升降电动机原来的电源相序。

(5) 排除故障时，必须修复故障点，但不得采用元件代换法。

(6) 检修时，严禁扩大故障范围或产生新的故障。

(7) 带电检修时，必须在指导老师监护下进行，以确保安全。

10.5　质量评价标准

本项目的质量考核要求及评分标准如表 10-6 所示。

表 10-6　质量评价表

项目内容	配分	评 分 标 准	扣分	得分
故障分析	30 分	1. 排除故障前不进行调查研究，扣 5 分 2. 检修思路不正确，扣 5 分 3. 标不出故障点、线或标错位置，每个故障点扣 10 分		
检修故障	60 分	1. 切断电源后不验电，扣 5 分 2. 使用仪表和工具不正确，每次扣 5 分 3. 检查故障的方法不正确，扣 10 分 4. 查出故障不会排除，每个故障扣 20 分 5. 检修中扩大故障范围，扣 10 分 6. 少查出故障，每个扣 20 分 7. 损坏电气元件，扣 30 分 8. 检修中或检修后试车操作不正确，每次扣 5 分		
安全、文明生产	10 分	1. 防护用品穿戴不齐全，扣 5 分 2. 检修结束后未恢复原状，扣 5 分 3. 检修中丢失零件，扣 5 分 4. 出现短路或触电，扣 10 分		
工时	所给工时为 1 小时，检查故障不允许超时，修复故障允许超时，每超时 5 分钟扣 5 分，最多可延长 20 分钟			
合计	100 分			
备注	每项扣分最高不超过该项配分			

练 习 题

1. 分析 Z3050 摇臂钻床常见电气故障。
2. 简述 Z3050 摇臂钻床的主要结构与运动形式。

参 考 文 献

[1]   王宏亮 . 低压电器控制线路的安装与维修 . 北京：化学工业出版社，2015.

[2]   曾小玲，张建平 . 电工基础实用项目教程 . 西安：西安电子科技大学出版社，
       2020.

[3]   陈莉 . 低压电器 . 北京：中国电力出版社，2019.

[4]   胡晓明 . 电气控制及 PLC. 北京：机械工业出版社，2007.

[5]   张伟林 . 电气控制与 PLC 综合应用技术 . 北京：人民邮电出版社，2009.

[6]   吴灏 . 电机与机床电气控制 . 北京：人民邮电出版社，2009.

[7]   李敬梅 . 电力拖动控制线路与技能训练 . 北京：中国劳动社会保障出版社，2009.

[8]   华满香 . 电气控制与 PLC 应用 . 北京：人民邮电出版社，2009.

[9]   李中年 . 控制电器及应用 . 北京：清华大学出版社，2006.

[10]   陈伯时 . 电力拖动自动控制系统 . 北京：机械工业出版社，2005.

[11]   闫和平 . 常用低压电器和电气控制技术问答 . 北京：机械工业出版社，2006.

[12]   佟为明 . 低压电器及电气及其控制系统 . 北京：哈尔滨工业大学出版社，2000.

[13]   闫和平 . 常用低压电器应用手册 . 北京：机械工业出版社，2005.

[14]   刘浍 . 常用低压电器与可编程控制器 . 北京：西安电子科技大学出版社，2005.

[15]   王永华 . 现代电气控制与 PLC 应用技术 . 北京：北京航空航天大学出版社，
       2003.

[16]   钱晓龙 . 智能电器与 MicroLogix 控制器 . 北京：机械工业出版社，2005.

[17]   汪晋宽 . 工业网络技术 . 北京：机械工业出版社，2003.

[18]   倪远平 . 现代低压电器及控制技术 . 北京：重庆大学出版社，2003.

[19]   王宏亮 . 低压电器控制线路的安装与维修 . 北京：化学工业出版社，2015.